生命科学系列丛书

PPAR γ
调控乳脂肪合成的研究

刘莉莉　著

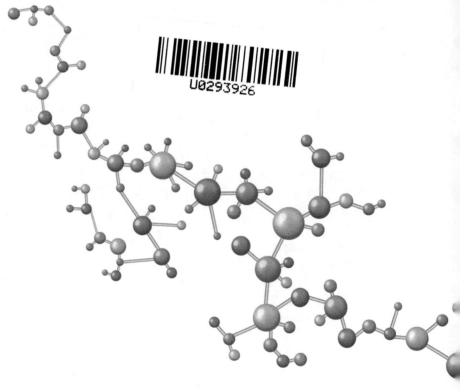

黑龙江大学出版社
HEILONGJIANG UNIVERSITY PRESS
哈尔滨

图书在版编目（CIP）数据

PPARγ 调控乳脂肪合成的研究 / 刘莉莉著. -- 哈尔滨：黑龙江大学出版社，2021.3（2022.8 重印）
ISBN 978-7-5686-0621-9

Ⅰ. ①P… Ⅱ. ①刘… Ⅲ. ①乳脂量－研究 Ⅳ. ①S82

中国版本图书馆 CIP 数据核字（2021）第 070663 号

PPARγ 调控乳脂肪合成的研究
PPARγ TIAOKONG RUZHIFANG HECHENG DE YANJIU
刘莉莉　著

责任编辑　于晓菁
出版发行　黑龙江大学出版社
地　　址　哈尔滨市南岗区学府三道街 36 号
印　　刷　三河市佳星印装有限公司
开　　本　720 毫米 ×1000 毫米　1/16
印　　张　13.25
字　　数　210 千
版　　次　2021 年 3 月第 1 版
印　　次　2022 年 8 月第 2 次印刷
书　　号　ISBN 978-7-5686-0621-9
定　　价　45.00 元

前　言

母乳具有提供营养、免疫保护和传递信息等功能,含有丰富的蛋白质、脂肪、乳糖、矿物质及维生素,是新生动物最重要的营养来源,故充足的母乳是保证新生动物生长发育的关键。此外,乳及乳制品在食物构成中占据极其重要的地位,随着人们生活水平的提高和膳食结构的改变,人们对乳及乳制品的需求也大大增加。乳脂肪是牛奶的主要营养成分,可以为人类提供营养和能量,因此生产含有足够乳脂肪的优质牛奶是乳及乳制品生产的发展趋势。然而,我国牛奶中乳脂肪的含量偏低,削弱了我国乳制品在国内外市场中的竞争力,因此提高乳产量及乳脂肪含量是我们亟须解决的问题。

乳腺作为哺乳动物分泌乳汁的组织,在泌乳过程中经历复杂的组织变化和细胞变化,特别是在合成和分泌营养物质的过程中,乳腺细胞的基因表达和蛋白表达形成复杂的调控网络。奶牛乳脂肪合成涉及多个代谢途径,主要包括脂肪酸的摄取、转运、活化、内源合成、去饱和作用、酯化,以及脂滴形成、分泌等过程,需要多种参与乳脂肪合成的酶和蛋白发挥作用。本书明确了不同泌乳质量奶牛乳腺组织与乳脂肪合成相关的差异表达基因和蛋白;阐明了乳脂肪合成前体物对乳腺上皮细胞脂肪酸摄取、转运及活化相关基因,脂肪酸从头合成及去饱和相关基因,甘油三酯(TAG)合成相关基因,乳脂肪合成转录调控因子相关基因的表达,以及 TAG 合成酶活力的影响。PPARγ 属于细胞核激素受体转录因子超家族成员,是乳腺上皮细胞乳脂肪合成的关键转录调控因子,对奶牛乳脂肪合成的调控起到枢纽作用。本书明确了 PPARγ 的胞内定位情况,并阐明 *PPARγ* 基因过表达和 *PPARγ* 基因干扰的乳腺上皮细胞对乳脂肪合成前体物浓度需求的变化，以及各乳脂肪合成前体物对 $PPAR\gamma$ 基因过表达和 $PPAR\gamma$ 基因干扰的乳腺上皮细胞乳脂肪合成相关基因表达、转录调控因子表达及 TAG 合成酶活力的影响。本书可为反刍动物乳脂肪合成的营养调控提供参考，对利用营养元素改善乳脂肪含量及乳品质有重要指导意义。本书内容丰富，旨在完善乳脂肪合成的调控机理，为乳脂肪合成前体物和 $PPAR\gamma$ 调控乳脂肪合成的作用机理提供重要的理论基础与实验依据。

本书由黑龙江中医药大学刘莉莉编写、统稿及审订。希望本书能够为从事相关研究的老师和学生提供科学的研究思路与方法。但是，由于笔者水平和经验有限，本书难免存在不足之处，敬请各位读者批评指正，以便日后不断加以修订和完善。

刘莉莉

2020 年 12 月

目　　录

第1章　绪论

1.1 乳脂肪合成机制

牛奶是一种营养丰富的食品。牛奶中含有12%～14%的固体物质,由蛋白质、脂肪和乳糖组成。乳脂肪是能量的携带者,提供人体必需的能量。乳脂肪提供亚油酸、亚麻酸、花生四烯酸等人体必需的脂肪酸。乳脂肪中含有矿物质元素及维生素A、D、E、K等脂溶性维生素。乳脂肪中含有丰富的共轭亚油酸(CLA),CLA具有抗氧化、减少脂肪沉积、维持血脂平衡、减少人体低密度脂蛋白胆固醇、抗动脉粥样硬化、提高免疫力、提高骨密度、防治糖尿病、促进儿童大脑及神经发育等重要生理功能。乳脂肪中的磷脂(包括卵磷脂、脑磷脂、神经磷脂等)对促进胎儿神经系统发育、维护心脑血管健康、增强记忆力等具有重要意义。此外,乳脂肪具有独特的风味,被广泛应用于各种食品中。因此,优质的乳脂肪对人们的生活至关重要。

1.1.1 乳脂肪的组成

牛乳中脂类物质的含量通常为4%。TAG是乳脂肪中最主要的脂类物质(占比大于95%),由不同碳链长度(4～24个碳原子,即C4～C24)和饱和度的脂肪酸构成;其次是甘油二酯(DAG,占比为2%)、少量的磷脂(占比为1%)、胆固醇(占比为0.5%)及游离脂肪酸(占比约为0.1%)。此外,乳脂肪中也存在微量的醚甘油磷脂、烃类化合物、脂溶性维生素等。

1.1.2 乳脂肪酸的组成

作为乳汁主要成分的乳脂肪含有大约400种不同的脂肪酸。瘤胃微生物对多聚不饱和脂肪酸的生物氢化作用使得乳脂肪中大约70%的脂肪酸为饱和脂肪酸,其中软脂酸(16:0)含量最多,其次是肉豆蔻酸(14:0)和硬脂酸(18:0)。除了饱和脂肪酸外,乳脂肪中也存在含有一个或多个双键的不饱和脂肪酸。大约25%的乳脂肪酸为单不饱和脂肪酸,其中油酸($18:1\Delta^{9c}$)含量最高。

多聚不饱和脂肪酸仅占乳脂肪酸的一小部分，其中亚油酸（$18:2\Delta^{9C,12C}$）和 α -亚麻酸（$18:3\Delta^{9C,12C,15C}$）最多。含有一个或多个反式（*trans*）双键的反式脂肪酸大约占乳脂肪酸的 2.7%，主要的 *trans* 18∶1 同分异构体是反型异油酸（$18:1\Delta^{11t}$）。乳脂肪酸中还有 CLA，其中 *cis*（顺式）- 9、*trans* - 11 同分异构体最丰富，占 CLA 的 75%~90%。

1.1.3 乳脂肪酸的来源

乳脂肪中的 TAG 以 3 个脂肪酸酯化到甘油 - 3 - 磷酸骨架的形式存在。用于乳脂肪合成的脂肪酸主要有两个来源：一是乳腺上皮细胞从头合成；二是从饮食或者动员体脂中获得。几乎所有的短链（C4 ~ C8）脂肪酸、中链（C10 ~ C14）脂肪酸和大约 50% 的 C16 脂肪酸由乳腺上皮细胞从头合成，占乳中脂肪酸的 40%~50%；长链脂肪酸（>C16）和剩余的 C16 脂肪酸直接从血液中摄取。这些脂肪酸有的由脂蛋白脂肪酶（LPL）分解乳糜中循环的 TAG 或者极低密度脂蛋白（VLDL）而产生，有的来自血浆中与白蛋白结合的非酯化脂肪酸（NEFA）。其中，C16 脂肪酸取决于饮食成分。这些长链脂肪酸（如在瘤胃中全部或部分氢化的饮食脂肪酸）主要来源于消化道对膳食脂肪的吸收和对体内储存量的调动（特别是在泌乳初期）。

1.1.4 乳脂肪合成代谢

乳脂肪是牛奶的重要成分之一，乳脂肪含量是衡量牛奶品质的一项关键指标。随着对奶牛乳腺内乳脂肪研究的增多，人们对乳脂肪合成、代谢机制的了解愈加深入。相关研究表明，许多酶参与乳脂肪合成过程，包括脂肪酸活化、转运、从头合成、去饱和，以及 TAG 合成和乳脂肪球形成及分泌。

1.1.4.1 脂肪酸从头合成

反刍动物乳腺上皮细胞中脂肪酸从头合成的底物是瘤胃中的碳水化合物发酵后产生的乙酸盐，以及由瘤胃上皮组织利用、吸收的丁酸盐产生的 β - 羟丁酸。脂肪酸从头合成的场所是乳腺上皮细胞,合成的中短链脂肪酸约为乳脂肪酸的40%~50%。乙酰辅酶A(acetyl-CoA)合成酶短链家族成员(ACSS)可将乙酸盐转化为乙酰辅酶A。乙酰辅酶A羧化酶(ACC)是脂肪酸内源合成途径的限速酶,它催化脂肪酸合成的第一步反应,即乙酰辅酶A由ACC催化转化为丙二酰辅酶A,而丙二酰辅酶A在脂肪酸碳链延长酶系的作用下进一步合成长链脂肪酸。*ACCA*、*ACCB*基因是ACC的两种基因型,分别编码同工酶ACC蛋白ACCα和ACCβ。反刍动物*ACCA*的cDNA序列合成含有2 346个氨基酸的蛋白质。泌乳期中链脂肪酸在乳腺中的合成主要取决于脂肪酸合成酶(FAS)。FAS最初以乙酰辅酶A为底物,催化一系列反应,将来自丙二酰辅酶A的二碳单位添加到逐渐延长的脂酰链中。每个循环需要2分子的还原当量(还原型烟酰胺腺嘌呤二核苷酸磷酸,NADPH),NADPH来源于磷酸戊糖循环和异柠檬酸脱氢酶对异柠檬酸的氧化过程。脂酰链达到16个碳原子时,酰基转移酶使脂酰链合成终止。*FAS*基因编码FAS蛋白质,FAS以复杂的同型二聚体形式,在哺乳期间负责乳腺中短链、中链脂肪酸(C4~C16)的合成。在反刍动物中,FAS在1个包含2 513个氨基酸的蛋白质中含有6种催化活性域。与啮齿动物的乳腺相反,反刍动物FAS合成的是中链脂肪酸。反刍动物FAS除了能够催化乙酰辅酶A、丙二酰辅酶A和丁酰辅酶A外,还含有酰基转移酶,其底物特异性地延伸至C12,从而能够装载并释放这些中链脂肪酸。这种中链脂肪酸的合成方式是哺乳反刍动物乳腺组织特有的,而其他反刍动物乳腺组织中FAS的产物主要是软脂酸,非反刍动物乳腺组织中也是如此。

硬脂酰辅酶A去饱和酶(SCD)的基因编码1个位于内质网的由359个氨基酸残基组成的蛋白质,催化主要从C14到C19脂酰基辅酶A底物的Δ^9去饱和,引入一个顺式双键。SCD是细胞内单不饱和脂肪酸合成的限速酶,参与胆固醇酯及脂肪酸的合成。乳脂肪中单不饱和脂肪酸的合成依赖于SCD,这些单不饱和脂肪酸是合成TAG、胆固醇酯类和膜磷脂的底物。在啮齿动物体内,SCD依赖不同的基因,而这些基因的表达和多不饱和脂肪酸(PUFA)对SCD的调控具有组织特异性。相反,反刍动物体内只有一个*SCD*基因。分娩后,绵羊乳腺*SCD* mRNA表达水平和牛乳腺SCD酶活力均有所提高。泌乳山羊*SCD*基因在乳腺和皮下脂肪组织中高度表达。此外,牛乳腺中的SCD主要负责同分异构体*cis*-9、*trans*-11-CLA和*trans*-7、*cis*-9-CLA的合成。Bionaz和Loor

在对泌乳奶牛乳腺中的 45 个基因进行定量分析后发现,*SCD* mRNA 的丰度是所有被检测基因中最高的,为 23%,而且高丰度的 *SCD* mRNA 与其他脂肪合成基因(如 *ACC、FAS*)有关。奶牛乳腺 *SCD* mRNA 表达水平和 SCD 酶活力在产后立刻提高,在泌乳阶段的表达量增加大于 40 倍,因此 SCD 在 TAG 的合成过程中起到至关重要的作用。

1.1.4.2　乳腺对血液脂肪酸的吸收

乳腺从血液中摄取用于乳脂肪合成的长链脂肪酸和大约 50% 的 C16 脂肪酸。它们属于外源性脂肪酸,依赖奶牛日粮的组成。血液中的长链脂肪酸可通过 LPL 作用于循环脂蛋白获得,或者来自消化道或体脂动员的与白蛋白结合的未酯化的脂肪酸。反刍动物从血液中摄取的用于乳脂肪合成的长链脂肪酸主要来自饮食和从消化道吸收的微生物脂肪酸,而乳脂肪中不到 10% 的脂肪酸来自动员体脂。然而,奶牛处于负能量平衡时主要利用动员体脂获得脂肪酸。LPL 催化脂蛋白三酰甘油水解,选择性地释放 sn − 1(sn − 3)位置酯化的脂肪酸。相关学者运用原位杂交和免疫荧光技术分别研究乳腺细胞中的 *LPL* mRNA 与 LPL 蛋白,得出乳腺 LPL 来自分泌型乳腺上皮细胞。在牛体内,乳腺组织表达 3 种大小分别为 1.7 kb、3.4 kb、3.6 kb 的 LPL 转录本,其中 3.4 kb 转录本的表达量最多。饮食及激素因素通过转录和转录后机理、翻译后机理复杂地调控 LPL 的活性。与其他组织相比,LPL 在乳腺组织中有较高的活性,可能是由于乳腺组织的 *LPL* mRNA 高丰度表达。仅在妊娠期和泌乳期,小鼠乳腺组织 LPL 的转录物就增加 2 倍,且酶活力随之升高 2 倍。与鼠类相比,牛乳腺 LPL 的表达模式及泌乳模式非常相似,这可能表明 *LPL* 基因在乳合成过程中有重要作用。临产前,奶牛乳腺组织中 LPL 的活性显著升高,在整个泌乳过程中保持高水平,但在脂肪组织中降低。

对泌乳山羊的动静脉差异测量结果表明,乳腺在乳脂肪合成过程中对 TAG 和 NEFA 的利用率与它们的血浆浓度有关。另外,相关实验表明,底物的可获得性决定乳腺对底物的利用率。例如:当血浆 TAG 含量低而 NEFA 含量高时,空腹动物乳腺对 NEFA 的利用率较高;当血浆 NEFA 含量低时,空腹动物乳腺不利用 NEFA。同样,乳腺对 TAG 的利用率随着其血浆浓度的增大而升高。十二指肠脂质输注会增大血浆中 TAG 的浓度,同时使乳腺产生 NEFA,这是因为 LPL 发挥作用而使 NEFA 从血管中释放。

脂肪酸通过毛细血管内皮和间隙到达乳腺上皮细胞后,可以通过扩散或饱和转运系统穿过质膜。哺乳动物的乙酰辅酶 A 结合蛋白(ACBP)结合长链乙酰辅酶 A,对调控脂肪酸在细胞质中的运输和浓度有重要作用。然而,Knudsen 等人发现,反刍动物乳腺和肌肉中 ACBP 的浓度低于肝脏。分化抗原簇 36(CD36)和脂肪酸结合蛋白 3(FABP3)在脂肪酸的摄取与运输中发挥作用,因为 CD36 具有脂肪酸转运蛋白的功能,它是公认的小鼠脂肪细胞脂肪酸转运体,且 FABP3 是奶牛乳腺中最丰富的 FABP 异构体。在啮齿动物和反刍动物体内,CD36 在泌乳乳腺上皮细胞中表达,且在乳脂肪小球膜、心脏、血小板和脂肪细胞中,CD36 都可以作为长链脂肪酸的转运体。有研究表明,长链脂肪酸的膜运输是一个促进过程,然而这个过程在乳腺腺泡细胞中还没有被证实。FABP 是在许多物种中存在的细胞内脂质结合蛋白,参与许多组织脂肪酸的摄取和细胞内运输。在牛乳腺中,FABP 和 CD36 的共表达已经被证实在哺乳期间增加,在乳腺退化期间减少,这表明它们的表达与细胞内脂质运输和代谢的生理变化有关。同样,在牛原代乳腺上皮细胞中观察到,*CD36* mRNA 表达水平与细胞质中 TAG 及脂滴的含量同时升高。Barber 等人提出,CD36 与细胞内的 FABP 协同作用,转运脂肪酸穿过分泌性乳腺上皮细胞膜。已有研究证实,在牛的泌乳乳腺中存在两种形式的 FABP,即 A – FABP 和 H – FABP。

1.1.4.3　脂肪酸的激活

日粮和脂肪组织中的长链脂肪酸被乳腺吸收,用于合成乳脂肪。长链脂肪酸在参与合成、代谢之前,先被乙酰辅酶 A 合成酶长链家族成员亚型 ACSL 酶催化,形成脂酰辅酶 A。在 ACSL 的 6 个异构体中,ACSL1 是泌乳奶牛乳腺组织中表达水平最高的异构体。*ACSL1* mRNA 在泌乳起始阶段大约增加 4 倍,表明这个亚型对大量乳脂肪的合成非常重要。在参与激活短链脂肪酸(SCFA)的酶中,ACSS2 比 ACSS1 有更高的 mRNA 丰度,且表达水平更高。ACSS2 只存在于细胞液中,而 ACSS1 主要存在于线粒体中。这两种酶对乙酸盐有较强的亲和性,且 ACSS2 比 ACSS1 显示出更强的亲和性,后者对丙酸盐也有一定的亲和性。牛的 ACSS1 能活化 4 倍多的 ^{14}C – 乙酸盐,生成 CO_2,表明它的靶点是氧化乙酸盐。相关研究表明,奶牛泌乳期 *ACSS1* 和 *ACSS2* 的 mRNA 显著增加。在整个泌乳阶段,*ACSS2* 的转录模式与牛乳腺乙酰辅酶 A 产量相符。*ACSS2* 在泌乳起始阶段的大量增加表明,由这个基因编码的蛋白为脂肪酸的从头合成提供了活化的乙酸盐。除了在脂肪酸合成过程中发挥作用外,乙酸盐还是乳腺产生能量的主要碳源。

1.1.4.4 TAG 合成

TAG 合成于乳腺上皮细胞的内质网(ER)上。来自从头合成途径的乙酰辅酶 A 和从外源摄取的脂肪酸被酯化到甘油 – 3 – 磷酸骨架上形成 TAG。TAG 连接的 3 个脂肪酸可以是相同的,也可以是不同的。在哺乳动物体内,脂肪酸并非随机分布在乳汁 TAG 骨架的 sn – 1、sn – 2、sn – 3 位置,这种非随机分布决定了乳汁的功能和营养属性。在 sn – 1 和 sn – 2 位置酯化的脂肪酸中,有很大一部分(占比为 56% ~ 62%)为中、长链饱和脂肪酸(C10 ~ C18),其中 C16 均匀分布在 sn – 1 和 sn – 2 位置,C8、C10、C12 和 C14 多分布在 sn – 2 位置,C18 更多地分布在 sn – 1 位置。此外,在 sn – 1 位置酯化的脂肪酸中,约有 24% 为 C18。在 sn – 3 位置酯化的脂肪酸比例较高,且主要为短链脂肪酸(C4、C6、C8)和油酸。

TAG 的合成速率受到去除磷酸基团和酯化脂肪酸到甘油主链的相关酶的调控。甘油 – 3 – 磷酸酰基转移酶(GPAT)、1 – 酰基甘油 – 3 – 磷酸酰基转移酶 6(AGPAT6)、磷脂酸磷酸酯酶 1(LPIN1)、二酰甘油脂酰转移酶 1(DGAT1)等参与催化 TAG 的合成。这些酶也是乳腺中参与脂肪合成的关键酶。TAG 合成的第一步是甘油 – 3 – 磷酸在 sn – 1 位置发生酯化反应,GPAT 能催化脂酰辅酶 A 结合到甘油 – 3 – 磷酸的 sn – 1 位置,形成溶血磷脂酸(LPA)。GPAT 在哺乳动物中有两种亚型,二者的亚细胞定位不同(线粒体与内质网),且对巯基修饰剂 N – ethylmalmeimide(NEM)的敏感度不同。线粒体亚型对 NEM 耐药,内质网亚型对 NEM 敏感。在啮齿动物中,这两种亚型在肝脏和脂肪组织 TAG 的合成中都发挥作用。TAG 合成的第二步是由 AGPAT(或溶血磷脂酸酰基转移酶,LPAAT)完成的。AGPAT 催化第二个脂酰辅酶 A 结合到 sn – 2 位置合成磷脂酸

（PA）。牛和绵羊的 AGPAT 是由 287 个氨基酸组成的蛋白质,只有 1 个氨基酸残基不同。AGPAT 对饱和脂肪酸酰基辅酶 A 有更高的亲和性,且表现为 C16 > C14 > C12 > C10 > C8,这与"牛奶中 sn－2 位置存在高比例的中、长链饱和脂肪酸"相符合,其中脂肪酸主要为棕榈酸。因此,脂肪酸酯化酶的底物特异性对于乳腺细胞和人类营养都具有重要意义。AGPAT6 是牛乳腺组织中 AGPAT 家族的主要亚型。LPIN 能转移磷酸基团,将 PA 转化为 DAG。TAG 合成的最后一步是,另一个脂酰辅酶 A 酯化到 sn－3 位置合成 TAG。*LPIN1* 是牛乳腺组织中 *LPIN* 基因家族的主要亚型。DGAT 位于内质网膜上。对于 TAG 的合成来说,DGAT 是一种特殊的酶,也被认为可能是 TAG 合成的限速酶。在绵羊体内,*DGAT1* 是一个明显的乳脂肪含量候选基因。Bionaz 和 Loor 认为,与其他 TAG 合成的基因相比,*DGAT1* 在乳脂肪合成过程中起到次要作用,但对增加乳中的 TAG 起到关键作用。

1.1.4.5 脂滴的形成和乳脂肪分泌

乳中的脂肪存在于形状、大小不一的脂滴中,又称乳脂肪小球。新合成的 TAG 在内质网膜参与脂滴的形成,小脂滴在内质网的双分子层膜间形成,然后被释放到细胞液中。细胞质中的一些小脂滴在分泌之前和分泌过程中先融合成大脂滴。然后,这些大脂滴移动到乳腺上皮细胞的顶端等离子体膜上。脂滴在细胞膜上被包裹,最终由连续的乳脂肪球膜包被释放到细胞外。另外,还有许多脂滴没有经过汇集而直接移动到顶端质膜。有时,脂滴被分泌小泡包围,并逐渐和其他分泌小泡融合,形成液泡。这些液泡被转运到顶端膜上,通过胞吐作用释放内容物。

乳脂肪球膜上的蛋白主要由脂滴包被蛋白(PLIN)、嗜乳脂蛋白(BTN)、黄嘌呤氧化还原酶(XDH)、黏蛋白 1 等组成。有研究表明,XDH 和 BTN 对于乳脂肪的分泌是必要的。黏蛋白是乳腺泡细胞中脂滴成熟所必需的,在腺泡分化和乳滴分泌中起到重要作用。PLIN 曾被称作 PAT、perilipin、ADRP、TIP47,其家族蛋白包括 S3－12 和 LSDP5(OXPAT)。目前,该家族被正式命名为 PERILIPIN 家族,拥有 5 个成员,即 PLIN1～5。PLIN1 在大多数情况下位于乳腺上皮细胞内的脂滴表面;PLIN2 位于乳腺上皮细胞质的脂滴表面和乳脂肪小球上,是该家族中唯一可从细胞质中被分泌到细胞外的蛋白;PLIN3、PLIN4、PLIN5 主要分布于细胞质中或内质网上。在 PLIN 家族成员中,PLIN2 被认为是乳脂肪合成与分泌的关键蛋白。有研究表明,妊娠期乳腺上皮细胞内 PLIN2 表达水平的升高启动脂滴合成,促进脂滴在乳腺上皮细胞内累积,从而增加乳中脂滴的分泌。可见,PLIN2 在泌乳期哺乳动物乳腺组织脂滴形成和分泌过程中起到关键作用。

1.2 乳脂肪降低理论

乳脂肪降低综合征(MFD)的概念是在 20 世纪 70 年代被提出的。MFD 是一种低脂肪综合征,表现为乳脂肪含量降低,而乳中其他成分或乳产量保持不变。很多因素会影响乳脂肪合成,包括遗传因素、泌乳状态和饲料供给。饮食诱导的 MFD 引起很多研究者的关注。他们发现,两种饮食能引起 MFD:一种是含有大量容易消化的碳水化合物或者含有少量的粗饲料;另一种是添加不饱和脂肪,如鱼油和植物油。

Peterson 等人发现,给奶牛饲喂高精料/低草料饮食可使乳脂肪率降低 25%,使乳脂肪量降低 27%,而采食量、乳产量、乳蛋白量和乳糖量没有变化。而且,在他们的研究中,从头合成途径生成的脂肪酸量和从血液中摄取的脂肪酸量也有相似程度的降低。乳脂肪中出现 $trans-10$、$cis-12$ CLA 也是饮食诱导的奶牛 MFD 的一个特征。Harvatine 等人发现,给奶牛饲喂粗饲料/高油脂饮食能引起乳脂肪量降低(38%),而且给奶牛饲喂能诱导 MFD 的饮食还会使所有脂肪酸减少。因此,饮食诱导的 MFD 会使乳脂肪量显著降低,使从头合成途径生成的脂肪酸量和从血液中摄取的脂肪酸量都降低。

在过去的一个世纪里,相关研究者提出了很多理论解释 MFD。饮食诱导的 MFD 理论分为两类:一种理论将 MFD 中乳脂肪量的降低归因于乳腺乳脂肪合成的生脂前体物供给不足;另一种理论将乳脂肪量的降低归因于乳脂肪生物合成途径中一个或多个步骤被直接抑制。前一种理论的代表为葡萄糖生成-胰岛素理论;后一种理论的代表为反式脂肪酸理论和生物氢化作用理论。

1.2.1　葡萄糖生成－胰岛素理论

胰岛素通过其调控葡萄糖和能量稳态的中枢作用协调营养分配。对于反刍动物的乳腺,胰岛素是维持乳腺细胞正常功能所必需的。随着膳食结构的改变,血液循环胰岛素的日变化对于乳腺对葡萄糖的利用没有明显的影响。胰岛素急性调控肿瘤组织的代谢,包括脂肪组织的脂肪生成(刺激)和脂肪分解(抑制),这可能间接影响乳腺可获得营养物质的供应和获得模式。脂肪组织中的胰岛素会强烈刺激脂肪生成并抑制脂肪分解,但胰岛素对反刍动物乳腺组织的影响很小,因为乳腺对血液中胰岛素的变化不敏感。这为葡萄糖生成－胰岛素理论能引起 MFD 提供了依据。葡萄糖生成－胰岛素理论是基于乳腺组织和非乳腺组织对营养物质的竞争,以及组织对胰岛素反应的差异而提出的。

根据葡萄糖生成－胰岛素理论,诱导 MFD 的饮食会导致丙酸和葡萄糖增多。丙酸和葡萄糖是胰腺释放胰岛素的促分泌因子,低脂饲料导致瘤胃丙酸生成量和肝脏糖异生率增加,进而刺激胰腺释放胰岛素。另外,因为摄入更多的能量和减少乳脂肪的分泌,所以低脂饮食通常会导致净能量的大幅增加。基于这些因素的综合作用,血液中胰岛素的浓度会增大。根据葡萄糖生成－胰岛素理论,血液循环胰岛素的增加转移了乳腺的营养,这是因为胰岛素诱导脂肪组织对乙酸盐、β－羟丁酸盐和饮食来源的长链脂肪酸的利用增加,以及使胰岛素诱导的由体脂储备的长链脂肪酸动员减少。高胰岛素能促进脂肪组织摄取生脂前体物,并抑制脂解作用,从而使脂肪组织释放的脂肪酸减少,使乳腺组织的生脂前体物被剥夺。总之,这些变化说明营养物优先进入脂肪组织,从而导致乳腺乳脂肪合成的前体物短缺。

外源性丙酸盐和葡萄糖灌注证实了葡萄糖生成－胰岛素理论。Brown 等人总结了涉及丙酸盐灌注的 13 种实验模式,并观察到丙酸盐灌注对乳脂肪的分泌有显著影响,乳脂肪量降幅为 0%~14%。为证实葡萄糖生成－胰岛素理论,相关研究运用高胰岛素血糖钳技术(为避免低血糖和葡萄糖稳态的负向调控变化)检测胰岛素对乳脂肪合成的影响。该研究证实了乳腺缺乏对胰岛素的敏感性,但乳产量没有变化,乳脂肪率和乳脂肪量也没有变化,这样的结果没有支持MFD 的葡萄糖生成－胰岛素理论。

总的来说,根据牛奶中脂肪酸组分变化的程度或规律,与丙酸盐、葡萄糖灌注实验和高胰岛素血糖钳技术相关的研究结果很少支持基于饮食诱导的 MFD 的葡萄糖生成－胰岛素理论。显然,乳脂肪对血胰岛素升高的反应是胰岛素抗脂解作用的结果,而胰岛素诱导的乳脂肪产量减少的程度与作为脂肪酸来源的体脂储备有关。血胰岛素的升高与动物处于正能量平衡状态时的膳食摄入量相对应,在这种情况下,动员的脂肪酸只是奶牛乳脂肪合成的一小部分脂肪酸来源。因此,丙酸盐和葡萄糖供应的增加,以及低脂饮食引起的胰岛素相关反应,不是饮食诱导 MFD 的基础。此外,生糖营养素和胰岛素的变化对 MFD 引起的乳脂肪产量下降只起到很小的作用。

1.2.2　反式脂肪酸理论

Brown 等人最先提出反式十八烯酸和 MFD 可能存在联系。在假设反式脂肪酸可能发挥的作用时,他们指出,乳脂肪中反式十八烯酸的增加表明瘤胃的生物氢化作用是不完全的。瘤胃微生物对饮食的不饱和脂肪酸的生物氢化作用会形成中间产物——反式脂肪酸。其中,trans－11 18:1 是主要的反式异构体。trans－11 18:1 是亚油酸和亚麻酸生物氢化反应的中间体。trans－11 18:1 也是乳脂肪中主要的反式十八烯酸,一般认为 MFD 中增加的反式十八烯酸就是这种异构体。多种不同位置的反式 18:1 异构体在瘤胃中产生,随后被小肠吸收并进入乳脂肪。

饲喂含植物油或动物油的饮食时通常考虑 trans 脂肪酸参与 MFD 的发生。饲喂低纤维/高谷物油和高精料/低粗料的饮食会使奶牛乳脂肪中 trans 18:1 脂肪酸的含量增加。乳脂肪量与进入十二指肠的 trans 18:1 脂肪酸量及乳中 trans 18:1 脂肪酸的浓度呈线性降低的关系。真胃灌注法进一步检测了 trans 18:1 脂肪酸对 MFD 的作用,表明 trans 脂肪酸能够使乳脂肪率和乳脂肪量减少。

相关研究用部分被氢化的植物油作为 trans 18:1 脂肪酸的来源,从而更直接地检测在 MFD 过程中 trans 脂肪酸是否参与减少乳脂肪合成。这些研究大多数不支持 trans 脂肪酸的位置分布,因此没有充分的证据表明特殊的 trans 脂肪酸对减少乳脂肪合成发挥作用。因此,需要用纯 trans 脂肪酸进行研究,进一步确定 trans 脂肪酸对 MFD 发挥作用。Rindsig 和 Schultz 的研究表明,向奶牛灌

注 *trans* – 9 18：1 异构体没有影响乳脂肪量或乳脂肪率。此外，有研究表明，真胃灌注纯 *trans* – 11 18：1 和 *trans* – 12 18：1 没有改变乳脂肪量。这些研究表明，被研究的 *trans* 18：1 脂肪酸没有影响乳脂肪合成，而且由低纤维饮食诱导的 MFD 奶牛乳中 *trans* – 10 18：1 的含量升高。然而，还有许多研究没有证实 *trans* – 10 18：1 参与了饮食诱导的 MFD。

1.2.3 生物氢化作用理论

由于没有直接的证据证明反式脂肪酸理论的正确性，因此需要对该理论进行修改形成新理论，从而更好地解释实验结果，这个新理论被称为生物氢化作用理论。生物氢化作用理论的基础是瘤胃生物氢化过程中产生的独特脂肪酸中间体能够抑制乳腺合成乳脂肪，即在某种饮食条件下，瘤胃生物氢化作用的途径被改变，产生唯一的脂肪酸中间产物，它们是乳脂肪合成的有效抑制剂。此外，饮食诱导的 MFD 和 CLA 补充剂使不同链长的脂肪酸的分泌减少，这表明其作用机理可能涉及乳脂肪合成的多个步骤。

饲喂大量碳水化合物或者少量纤维时，瘤胃环境发生改变，生物氢化作用的途径也发生改变。在这样的条件下，亚油酸被转化为 *trans* – 10、*cis* – 12 CLA，从而代替 *cis* – 9、*trans* – 11 CLA。有研究明确表明，*trans* – 10、*cis* – 12 CLA 是奶牛乳脂肪合成的有效抑制剂。CLA 也被证明会降低其他哺乳动物（包括人类）的乳脂肪含量，在一些物种的生长阶段，还会降低其体脂含量。

真胃灌注 CLA 的奶牛乳脂肪含量显著降低，这证明 CLA 对乳脂肪合成有影响。Baumgard 等人的研究表明，在 MFD 过程中，*trans* – 10、*cis* – 12 CLA 是抑制乳脂肪合成的特殊 CLA 异构体。他们证明，向奶牛真胃灌注逐渐增多的 *trans* – 10、*cis* – 12 CLA 时，乳脂肪合成量逐渐减少。

饮食 *trans* – 10、*cis* – 12 CLA 和灌注 *trans* – 10、*cis* – 12 CLA 诱导 MFD 时，脂肪酸从头合成酶基因（*ACC*、*FAS*）、脂肪酸去饱和酶基因（*SCD1*）、脂肪酸转运酶基因（*FABP*）和 *TAG* 合成酶基因（*GPAT*、*AGPAT*）的 mRNA 表达水平降低，表明在 MFD 过程中，*trans* – 10、*cis* – 12 CLA 抑制了脂肪生成酶。

对饮食诱导的 MFD 和补充 *trans* – 10、*cis* – 12 CLA 的生化反应研究表明，乳腺中存在一种调控关键脂肪生成酶的机理。在脂质代谢方面备受关注的两个关键调控因子是过氧化物酶体增殖物激活受体(PPAR)和固醇调控元件结合蛋白(SREBP),它们都受到多不饱和脂肪酸的调控。

1.3　乳脂肪代谢的转录调控因子

脂肪代谢过程受多种转录因子的调控,这些转录因子会单独地或者与其他转录因子一起促进或抑制脂质合成和分解相关基因的转录。目前学者们研究得较多的转录调控因子有 SREBP、PPAR、肝 X 受体(LXR)、CCAAT/增强子结合蛋白(C/EBP)、甲状腺激素应答蛋白 Spot14 等。在脂肪代谢和脂肪细胞分化过程中,并不是由某个因子独立地参与该过程,而是由各种转录调控因子相互影响,共同调控脂肪细胞分化过程,维持机体的代谢平衡。

1.3.1　SREBP

SREBP 是一类位于内质网上的膜连接蛋白,属于转录因子的基础螺旋 – 环 – 螺旋亮氨酸拉链(bHLH – LZ)家族,含有 3 个结构域:① 1 个大约含 480 个氨基酸的 NH_2 – 末端转录因子结构域;② 1 个大约含 80 个氨基酸的中部疏水区,含有 2 个疏水跨膜片段;③ 1 个大约含 590 个氨基酸的 COOH – 末端调控域。

SREBP 是调控脂类平衡的转录因子家族,它能调控内源性胆固醇、脂肪酸、TAG 和磷脂合成所需的酶的表达。啮齿动物有 3 个 SREBP 亚型——SREBP1a、SREBP1c 和 SREBP2,它们在脂类合成中发挥的作用不同。SREBP1a 亚型主要在培养的细胞中和具有较高细胞增殖能力的组织中表达。SREBP1c 亚型在许多器官(主要是脂肪组织、脑、肌肉等)中表达。这两个亚型由同一基因利用不同的启动子转录,因而它们的第一外显子不同。SREBP1a 能激活所有 SREBP – 应答基因,而 SREBP1c 的主要作用是合成脂肪酸。SREBP2 由另一个不同的基因编码,参与调控胆固醇平衡。

SREBP 以无活性的前体形式被合成,由大约 1 150 个氨基酸组成,它能通过一系列的蛋白水解作用被激活。在某种情况下(如固醇存在时),SCAP 与

SREBP 结合,引起构象改变,促使 SREBP – SCAP 复合物与内质网上存在的胰岛素诱导基因蛋白(INSIG)结合,导致 SREBP – SCAP 复合物滞留在内质网上。当细胞内缺少固醇时,SREBP – SCAP 复合物与 INSIG 的结合被破坏,SCAP 与 INSIG 分开,并将 SREBP 运送到高尔基体。在高尔基体中,SREBP 由 2 个活性不同的蛋白水解酶 S1P 和 S2P 催化,先后经过 2 步水解反应,裂解 SREBP 前体蛋白释放出 N 端转录激活区(成熟的形式),并转移进入细胞核,成熟的 SREBP 与目的基因启动子上的固醇调控元件(SRE)序列或者被称作 E – box 的回文序列结合,进而激活转录。

在胆固醇生物合成过程中,SREBP 调控的靶基因有 HMG – CoA 合成酶、HMG – CoA 还原酶、法尼醇二磷酸盐合成酶和角鲨烯合成酶。SREBP 蛋白还可通过控制脂肪生成酶的转录而调控脂肪酸的合成。脂肪合成酶 ACC、FAS、GPAT 的启动子都含有 1 个结合 SREBP1 的 SRE。SREBP1 结合到这些启动子上,通过影响转录而增加脂肪的合成量。脂肪细胞系中 SREBP1c 的过表达促进 FAS 的表达。转基因鼠肝脏中 mSREBP1c 的过表达促进肝脏 TAG 的合成。3T3 – L1 前脂肪细胞中的 SREBP1c 通过控制 GPAT 的转录而调控 TAG 的合成。

1.3.2 PPAR

PPAR 是由英国科学家 Issemann 等人于 1990 年首次发现的。PPAR 属于细胞核激素受体超家族成员,能调控细胞分化和脂代谢。这个家族的所有成员都有 1 个 DNA – 结合结构域、1 个基因 – 激活结构域和 1 个配体 – 结合结构域。PPAR 包括 3 个由不同基因编码的亚型:PPARα、PPARδ 和 PPARγ。它们在结构上存在差异,因此三者的功能也存在差异。就对脂肪代谢的调控而言,PPARα 和 PPARδ 的主要功能是加快脂肪的氧化供能,而 PPARγ 的主要功能是诱导脂肪细胞的分化、克隆、扩增,促进脂肪的沉积,在脂肪组织中具有较高的表达水平。PPAR 是配体激活型转录因子,在 PPAR 的激活过程中,PPAR 与 cis –9类视黄醇 X 受体(RXR)形成异二聚体,这个复合物与定位于目标基因启动子区的特殊反应元件 PPRE 序列连接,进而诱导这些目标基因的转录。

PPAR 被称作脂肪酸感受器,主要参与脂肪酸的代谢。不同亚型的 PPAR 调控的靶基因是不同的。1990 年,英国科学家 Issemann 和 Green 首次在大鼠的肝脏组织中克隆、鉴定出 PPARα。它是最早被鉴定出来的 PPAR 亚型,主要在脂肪酸氧化率较高的组织(如肝脏、心脏、棕色脂肪组织和骨骼肌)中表达,对反刍动物线粒体和过氧化物酶体的脂肪酸氧化有重要的调控作用。PPARα 可以被某些天然的和合成的配体激活,被配体激活的 PPARα 可以修饰细胞中的多个生物过程,这些过程在与机体能量产生相关的机理中尤为重要。PPARα 的天然配体包括饱和脂肪酸、单不饱和脂肪酸、多不饱和脂肪酸及其代谢产物,如8(S)HETE、花生四烯酸、棕榈酸、二十碳五烯酸等。合成 PPAR 激动剂、CPGI、依洛前列素、WY - 1464 和降血脂药(如苯扎贝特、环丙沙星、氯贝特、非诺贝特、吉非罗齐和非诺贝酸等)是 PPARα 的有效合成配体。PPARα 与配体结合对脂肪酸氧化和脂蛋白代谢有很大的影响。PPARα 能调控脂肪酸转运和氧化,调控酮体生成,调控脂蛋白循环和胆固醇代谢。PPARα 能调控过氧化物酶体 β氧化限速酶基因,还能通过调控酰基辅酶 A 脱氢酶的表达调控线粒体 β 氧化。PPARα 可直接增强细胞色素 P450 酶 CYP4A 的表达,促进微粒体 ω 氧化。PPARα 可通过作用于基因启动子区中的反应元件提高肉毒碱棕榈酰转移酶 I的水平。PPARα 激动剂可提高 SREBP1c 的转录活性,促进肝脏脂质合成。SREBP1c 是促进肝脏脂质合成基因表达的转录因子,其下游基因包括 *FAS*、*ACC1* 和 *SCD1*,其表达均可被 PPARα 激动剂增强,其中 *SCD1* 可直接被 PPARα激动。PPARα 能促进肝脏对脂肪酸的摄取和氧化利用,以及抑制脂肪酸和 TAG的合成,从而使细胞内的脂质内环境保持稳定。另外,也有研究表明,对于*PPARα* 基因敲除的鼠,即使有 PPARα 激动剂刺激,也不能提高涉及脂肪酸氧化的基因的表达。

　　PPARδ 又称 PPARβ 或脂肪酸激活受体。PPARδ 分布广泛,在多个组织及功能特异性细胞(如骨骼肌、心肌、脂肪组织、脑、肠、脾、肺、肾上腺、大鼠的脊髓,以及 T 淋巴细胞、单核巨噬细胞、增殖与分化的角质化细胞等)中均有表达。长链脂肪酸是 PPARδ 的天然配体,特别是含有 14 ~ 20 个碳的长链脂肪酸与PPARδ 有较强的亲和性。在多不饱和脂肪酸中,亚油酸、亚麻酸、花生四烯酸等与 PPARδ 的亲和性也较强。有研究证实,PPARδ 可调控脂肪酸摄取和氧化,以及能量解偶联的基因表达,从而调控骨骼肌和脂肪组织的脂肪酸代谢,还参与炎症反应、氧化应激、细胞分化及增殖、免疫应答等病理过程中的基因转录调控。此外,PPARδ 可通过配体依赖的核转录因子 - κB(NF - κB)、信号转导及转录激活因子(STAT)、CREB 结合蛋白(CBP)、活化蛋白 – 1(AP – 1)等的表达抑制细胞因子的表达和分泌,抑制血管收缩和血栓形成,从而在抗炎、抗增殖、抗凋亡等过程中发挥重要作用。有研究表明,PPARδ 可能对脂肪代谢和动脉粥样硬化的发病机理发挥作用。用 PPARδ 激动剂处理胰岛素抵抗的肥胖恒河猴,能引起血 TAG、空腹血浆胰岛素和低密度脂蛋白胆固醇水平降低。用 PPARδ 激动剂处理肌管能增强脂肪酸氧化。另外,PPARδ 与配体结合会使炎性细胞因子基因表达水平降低并减轻炎症。

PPARγ 在白色脂肪组织中表达丰富,在许多上皮组织(乳腺、前列腺和结肠)中也表达。PPARγ 是调控脂肪代谢的必要转录因子,PPARγ 信号通路处于脂质沉积信号传递的核心位置,通过调控脂肪代谢相关基因的转录促进脂质的沉积。PPARγ 在脂肪细胞形成早期起到开关的作用,通过调控脂肪细胞形成、脂肪沉积相关基因的转录参与脂肪代谢全过程。PPARγ 的配体比较广泛:一类是天然配体,这类配体来源于食物,或者是机体代谢活动的产物,如来源于食物中的一些不饱和脂肪酸(亚油酸、亚麻酸、花生四烯酸等)和来源于动物机体的代谢产物(前列腺素、氧化低密度脂蛋白等);另一类是人工合成的配体,如布洛芬、罗格列酮、吡格列酮和芳基酪氨酸衍生物等。有研究表明,PPARγ 不仅能诱导间充质干细胞分化为前脂肪细胞,还能使处于对数生长期的纤维细胞转化为脂肪细胞。PPARγ 可调控一系列脂肪代谢特异性基因的表达。在有配体存在的情况下,PPARγ 通过与下游靶基因(FAS、SCD)、苹果酸酶、乙酰辅酶 A 合成酶、FABP、LPL、PLIN 等的启动子区的 PPRE 结合调控相应基因的表达,从而参与脂肪合成、转运、沉积等脂肪代谢的全过程。PPARγ 可通过与瘦素调控元件结合调控瘦素基因的表达,维持脂肪的相对稳态。PPARγ 可促进小鼠肝脏 TABP、FAS、LPL 等基因的表达,促进脂肪细胞的增大和脂质沉积。PPARγ 的抑制能显著降低 ACC、FAS 的 mRNA 表达水平,可减少小鼠脂肪沉积量,使白色脂肪细胞变小。向奶牛皮下脂肪组织注入丙酸盐,可观察到 PPARγ、FAS、ACC、LPL 基因的表达水平均升高,表明 PPARγ 涉及营养或胰岛素对脂肪生成的激活作用。此外,PPARγ 还与脂肪因子的分泌有关。脂肪因子通过影响细胞外基质成分改变脂肪细胞生存的微环境,从而通过细胞与微环境的相互作用将信号传递给脂肪细胞,细胞内的 PPARγ 再通过信号传导调控机体脂肪代谢。

1.3.3 LXR

LXR 是细胞核受体家族,是一类配体依赖的序列特异的核转录因子,在脂肪形成、糖代谢、免疫与炎症反应等环节起到调控作用。LXR 家族有两个已知成员:LXRα 和 LXRβ。人类的这两个 LXR 蛋白是密切相关的,而且在它们的 DNA 结合域和配体结合域,有 77% 的氨基酸是一致的。这两个蛋白在人类和啮齿动物中有很强的保守性。LXR 亚型的组织分布不同。LXRα 主要在脂代谢活跃的组织(如肝脏、肾脏、小肠、脾脏、脂肪组织、垂体和肾上腺)中表达。与 LXRα 相反,LXRβ 表达广泛,几乎在每个被检测的组织中都存在 LXRβ,包括肝脏和脑。

与 PPAR 相似,LXR 也与 RXR 形成异二聚体才能发挥作用。LXR 的配体包括氧甾酮,特别是一组单一氧化的胆固醇衍生物,如 24(S)- 羟胆固醇、22(R)- 羟胆固醇和 24(S),25 - 环氧树脂胆固醇。当缺少配体时,LXR - RXR 二聚体和目的基因启动子上的 LXRE(LXR 的反应元件)序列结合,并提高这些目的基因的基础表达水平。LXR 配体或 RXR 配体添加进一步引起 LXR - RXR 二聚体的构象改变,并大幅度激活目的基因的表达。当二者的配体都存在时,LXR - RXR 二聚体会最大限度地诱导基因转录。

LXR 被认为是胆固醇的感受器,主要参与胆固醇的代谢调控。LXR 从来源和去路两方面调控胆固醇代谢,以维持胆固醇平衡。LXRα 和 LXRβ 有不同的目标基因,因而二者有一些不同的作用。LXR 是机体脂肪合成调控因子。有研究表明,与对照组相比,*LXRα*、*LXRβ* 基因敲除小鼠血浆和肝脏中 *FAS*、*ACC1*、*SREBP1c* 基因的表达水平均有所下降,且血浆和肝脏中的 TAG 含量也减少。LXR 除了可与 *FAS* 基因的启动子结合直接调控 *FAS* 基因的表达外,还可通过促进 *SREBP1* 基因表达间接促进 *FAS* 基因的表达。

Zhou 等人发现,可以活化 LXRα 的相关配体或药物都能诱导机体产生 *CD36*,说明 *CD36* 是 LXRα 的一个新的转录靶基因,并可以通过 PPARγ 和 LXR 进行调控,建立一个游离脂肪酸(FFA)转运的网络,参与机体脂质平衡的调控。

1.3.4 C/EBP

C/EBP 是碱性亮氨酸拉链蛋白家族的一个亚家族,是在前脂肪细胞分化过程中发挥关键作用的转录因子之一。目前已经发现的 6 类 C/EBP 亚型有 C/EBPα、C/EBPβ、C/EBPγ、C/EBPδ、C/EBPε 和 C/EBPζ,其中主要由 C/EBPα 和 C/EBPβ 参与脂质代谢过程。C/EBPα 在肝脏中高表达,C/EBPβ 在脂肪组织、肝脏、肾脏、小肠等中高表达。C/EBP 异构体的分子结构中含有可以与 DNA 结合的转录激活区,以及可以与另一个 C/EBP 分子形成同源二聚体的亮氨酸拉链,因此 C/EBP 既可以通过其 DNA 结合域调控靶基因的表达,也可以诱导其自身表达。C/EBPβ 可以促使 C/EBPα 发挥自身诱导作用调控脂肪细胞分化,诱导许多脂肪细胞基因的表达,如诱导硬脂酰辅酶 A 去饱和酶 1(SCD1)、脂肪酸结合蛋白、磷酸烯醇丙酮酸羧化酶等基因的表达。C/EBPβ 还可以促进 PPARγ 高表达,激活 PPARγ 因子参与脂质代谢,调控多种脂质代谢中基因的表达,从而促进脂肪细胞分化,在脂肪组织发育中发挥重要作用。在脂肪代谢调控过程中,C/EBPβ 能经多种途径激活 PPARγ 因子,还能通过激活二酯酰甘油酰基转移酶 2 促进脂肪生成。

1.3.5 Spot14

Spot14 基因主要在哺乳动物的脂肪生成组织(如肝脏、腹脂和乳腺组织)内表达,故被认为可能是一种转录因子,参与脂肪组织生成酶(如腺苷三磷酸柠檬酸酶、脂肪酸合成酶和苹果酸酶)的调控。目前,*Spot14* 基因的表达对哺乳动物脂肪生成的诱导作用已被广泛研究,研究者普遍认为 Spot14 蛋白参与由甲状腺素和碳水化合物诱导的脂肪生成过程。在甲状腺素和碳水化合物的刺激下,*Spot14* 基因的表达水平会急速升高,诱导其他脂肪生成酶基因的表达,因此 Spot14 被认为是机体脂肪生成的必需蛋白质。有研究表明,Spot14 有可能是一种酸性转录激活因子,与其他转录因子一样以同型二聚体的形式调控其他脂肪合成酶基因的表达,但迄今为止,其确切的分子机理仍不明确,因此有必要对其进行深入研究。

1.4　乳脂肪合成的转录调控因子

随着基因组学的发展,关于奶牛乳脂肪合成的转录调控因子介导的调控研究取得显著进展,一些对乳脂肪合成起到关键调控作用的转录因子及其介导的调控通路也已经被探明。目前,SREBP 及其辅助因子、PPAR 及其辅助因子、LXRα 及其辅助因子等介导的调控得到了广泛研究。在动物乳腺泌乳过程中,许多酶参与乳脂肪合成,这些酶包括脂肪酸从头合成、活化、转运、去饱和酶,以及 TAG 合成酶。这些酶可能被转录调控因子 SREBP1、PPARγ、LXR 调控。因此,乳腺乳脂肪合成的分子调控机理涉及多个途径。为了研究 SREBP1、LXR、PPARγ 在奶牛乳脂合成中的作用,Bionaz 和 Loor 研究、检测了奶牛干奶期与泌乳期 SREBP、LXR、PPAR 的相对表达水平,然而,对于每种亚型对奶牛乳脂肪合成的相关贡献仍需进一步研究。

SREBP 是泌乳乳腺乳脂肪合成的主要调控因子。在鼠和奶牛泌乳过程中,其乳腺中 SREBP1 的表达水平显著升高。向奶牛乳腺上皮细胞系中添加 $trans-10$、$cis-12$ CLA 对 *SREBP1* 的 mRNA 表达水平或者 SREBP1 前体蛋白的浓度没有影响,但是显著降低了 SREBP1 蛋白活化核片段的丰度,同时使许多生脂基因的转录激活水平降低,说明 SREBP1 对乳脂肪合成的调控起到枢纽作用。Barber 等人证明,在绵羊泌乳乳腺中,SREBP1 是脂肪酸从头合成的主要调控因子。Harvatine 和 Bauman 发现,在泌乳奶牛由饮食诱导的乳脂肪合成减少过程中,乳腺中的 SREBP1 和调控 SREBP1 的酶减少,同时 $trans-10$、$cis-12$ CLA 显著降低了 *INSIG1* 和 *INSIG2* 的 mRNA 表达水平。在奶牛泌乳期的前 120 日,乳腺 SREBP 的调控蛋白(INSIG1、INSIG2 和 SCAP)的表达显著增加。Xu 等人发现,过表达 SREBP1 的奶山羊乳腺上皮细胞中 TAG 的含量增加,同时 ACSL1、FABP3、SCD1、脂肪酸从头合成调控因子(ACSS2、ACLY、IDH1、ACC、FAS、ELOVL6)、LPIN1、DGATA、INSIG1 和脂肪酸合成转录因子(NR1H3、PPARγ)的表达显著增加,表明 SREBP1 在调控山羊乳腺细胞乳脂肪合成中发挥核心作用。李楠对奶牛乳腺上皮细胞乳脂肪合成进行 *SREBP1* 基因过表达和基因沉默实验,发现 SREBP1 能促进乳腺上皮细胞合成、分泌 TAG,并能显著

促进 *ACC*、*FAS*、*SCD*、*m - TOR*、*FABP3* 基因表达,表明 SREBP1 是乳脂肪合成中的关键调控因子,对乳脂肪合成起到正性调控作用。

乳腺中 LXR 的功能不是十分明确。有研究表明,妊娠早期小鼠乳腺中 LXRα 的表达水平大约比泌乳早期高 10 倍。Rudolph 等人的研究表明,在泌乳期小鼠乳腺中,LXRα 和 LXRβ 都高度表达。与非泌乳期相比,泌乳期奶牛乳腺中 LXRα 的表达水平升高,而 LXRβ 的表达水平未升高。Farke 等人发现,奶牛泌乳期和干奶期 LXRα 的 mRNA 表达水平没有变化。Mcfadden 和 Corl 发现,激动剂激活的 LXR 可以增加奶牛乳腺上皮细胞脂肪酸的从头合成,以及促进 SREBP1、FAS 的表达,表明 LXR 可能是乳脂肪合成的调控因子。Xu 等人发现,LXR 的激活使与脂肪酸从头合成、去饱和、转运,以及 TAG 合成及转录调控相关的大多数被检测出的基因的 mRNA 表达水平显著升高,这些结果为 LXR 调控 SREBP1 的表达和活性提供了证据。该研究表明,LXR 以 SREBP1 依赖的方式参与调控山羊乳腺上皮细胞中乳脂肪合成相关基因的转录。Grinman 等人发现,LXR 激动剂 GW3965 能够显著诱导小鼠乳腺上皮细胞中几个涉及胆固醇转运和脂肪生成的基因的表达,并增强细胞质脂滴的积累。Harvatine 等人发现,在奶牛乳腺上皮细胞中,LXR 激动剂刺激脂肪生成,以及 LXRβ、ATP 结合盒转运子 A1(ABCA1)、SREBP1c、Spot14 的表达。

与 LXR 相似,乳腺中 PPARγ 的作用也不是十分明确。有研究表明,妊娠早期鼠乳腺中 PPARγ 的表达水平大约是泌乳早期的 10 倍。Bionaz 和 Loor 发现,泌乳期奶牛乳腺中 PPARγ 的 mRNA 表达水平显著升高。相关研究人员运用奶牛 cDNA 芯片技术发现,在奶牛分娩前后的 14 日内,奶牛乳腺中 *PPARγ* 基因表达水平显著升高。由罗格列酮(PPARγ 的一种激动剂)处理奶牛乳腺上皮细胞,能使 FAS 和 SREBP1 的表达水平显著升高。在奶牛泌乳期前 120 日,乳腺 PPARγ 共激活因子 1α(PPARGC1α)表达的增加可能可以解释 SREBP1 表达的增加,INSIG1 的表达也增加,而 *INSIG1* 被认为是 PPARγ 的一个应答基因,因此 PPARγ 可能对调控 SREBP1 发挥一定的作用。Tian 等人的研究表明,PPARα 可以通过影响脂肪酸合成、氧化、转运以及 TAG 合成相关基因 mRNA 的丰度促进山羊乳腺上皮细胞中单不饱和脂肪酸的合成。Shi 等人发现,利用 PPARδ 特异性配体 GW0742 能增强山羊乳腺上皮细胞 PPARδ 反应元件的活性。GW0742 激活 PPARδ,能够选择性地促进脂肪酸活化相关基因(*ACSL1*)、脂滴形成相关基因（*PLIN2*）和脂肪酸转运相关基因（*FABP4*）的表达，而对脂肪酸从头合成相关基因（*ACC* 和 *FAS*）、脂肪酸去饱和相关基因（*SCD*）、脂肪酸水解及氧化相关基因（*PNPLA2* 和 *CPT1A*）、脂肪酸转运及摄取相关基因（*FABP3* 和 *CD36*）、TAG 合成相关基因（*DGAT*）的表达没有影响。这些结果表明，PPARδ 通过促进脂肪酸的活化和脂滴的形成及分泌，在反刍动物乳腺细胞的动态平衡中发挥重要作用。

　　Spot14 是一种调控乳脂肪合成的核蛋白，但其在奶牛乳腺乳脂肪合成方面的分子功能仍不明确。Harvatine 和 Bauman 发现，向奶牛乳腺上皮细胞培养液中添加 *trans*-10、*cis*-12 CLA 或在奶牛发生 MFD 期间，乳腺组织中 *Spot14* 的基因表达水平会显著降低。Cui 等人发现，与对照组相比，过表达 *Spot14* 的牛乳腺上皮细胞的 TAG 水平升高，FAS、PPARγ 和 SREBP1 的表达增强，耗尽 *Spot14* 则产生相反的效果。有研究表明，Spot14 可能通过直接影响一些经典的生脂酶的酶活力调控 PPARγ 和 SREBP1 的表达，从而调控乳脂肪的合成。Yao 等人发现，山羊乳腺上皮细胞内中链脂肪酸与不饱和脂肪酸含量增加，表明 Spot14 对脂肪酸的从头合成与去饱和有直接的调控作用。因此，调控 Spot14 的体内表达可能成为改善羊奶品质的重要策略。

　　特异性蛋白 1（SP1）是一种普遍存在的转录因子，在基因表达调控过程中起到重要作用。虽然 SP1 在调控各种激素的功能方面很重要，但它在调控乳脂肪合成中的作用仍不十分明确。SP1 对奶山羊乳腺细胞作用的相关实验表明，SP1 在乳脂肪合成中起到一定的调控作用。Zhu 等人发现，*SP1* 在山羊乳腺上皮细胞中的过表达导致在调控脂肪酸代谢中发挥重要作用的 *PPARγ* 和 *LXRα* 的 mRNA 表达水平升高，相应地改变其下游基因在乳腺上皮细胞中的表达，表明 SP1 在维持山羊乳腺上皮细胞乳脂肪合成方面潜在地发挥重要作用。

1.5　神经内分泌系统对乳脂肪合成的调控

　　神经内分泌系统通过激素和/或生长因子 - 神经内分泌系统，在乳脂肪合成前体物代谢及机体稳态方面发挥重要的调控作用，可通过激素、细胞因子等作用于瘤胃、小肠、肝脏和乳腺的相关受体，激活相应的细胞信号转导通路，促进泌乳相关基因的表达,从而调控脂代谢以调控乳腺中乳脂肪的合成。相关激素和细胞因子主要包括胰岛素、催乳素、生长激素、胰岛素样生长因子Ⅰ、瘦素等。

1.5.1 胰岛素

胰岛素是由胰脏内的胰岛 β 细胞受内源性或外源性物质(如葡萄糖、乳糖、核糖、精氨酸、胰高血糖素等)的刺激而分泌的一种蛋白质激素,由 53 个氨基酸组成。胰岛素由胰脏分泌出来,经血液循环被运送到肝脏、肌肉、脂肪组织等靶器官,通过与这些靶器官上相应的胰岛素受体结合启动胰岛素信号通路发挥生理作用,可调控营养物质的代谢与平衡,对核酸的合成和某些基因的表达起到重要的调控作用。

胰岛素具有维持乳腺上皮细胞增殖、促进乳腺发育及泌乳等重要作用,当血液中胰岛素的浓度升高时,乳腺组织的血流量及乳产量显著增加。乳腺上皮细胞配有胰岛素受体,伴随着奶牛开始泌乳,每个细胞的胰岛素受体数量急速增加。胰岛素可能是乳腺内脂肪酸合成的主要且快速的促进因子。Keating 等人以奶牛乳腺上皮细胞为实验模型,发现胰岛素能够提高 *SCD* 基因启动子效率。王皓宇等人采用氢化可的松和催乳素同时培养奶牛乳腺上皮细胞,发现胰岛素能够通过 PI3K – Akt – mTOR 和 SREBP 信号通路诱导乳脂肪合成相关基因的 mRNA 表达,胰岛素对乳蛋白合成相关基因有相似的调控作用。Winkelman 和 Overton 发现,向泌乳期奶牛皮下注射长效胰岛素之后,其乳脂肪率和乳脂肪产量有升高的趋势,同时乳腺中的短链脂肪酸趋于增加,而长链脂肪酸趋于减少。此外,Corl 等人认为,胰岛素能够抑制奶牛体脂的分解作用,从而限制乳腺可利用的长链脂肪酸数量。

1.5.2 催乳素

催乳素是垂体前叶嗜酸性细胞释放的蛋白质激素,其分子量为 22 kDa。催乳素因促进乳腺生长发育和乳汁的合成及分泌而得名。催乳素对于大多数哺乳动物泌乳的启动和维持都是必不可少的。催乳素对合成乳蛋白、乳糖和脂类等主要乳成分起到主导作用,对乳汁中多种乳成分的代谢均有不同程度的调控作用。催乳素通过与催乳素受体结合发挥作用。催乳素受体是跨膜蛋白,其胞外部分可与催乳素结合使受体二聚化,激活胞内酪氨酸激酶 JAK2,通过 JAK - STAT 信号通路影响乳脂肪合成相关基因的表达。有研究表明,用催乳素刺激、培养的泌乳期奶牛乳腺组织中瘦素的表达量增加,二者共同促进脂肪酸合成。有研究将怀孕绵羊的乳腺组织进行体外培养,发现在胰岛素和氢化可的松协同作用的情况下,催乳素会诱导 SCD 的 mRNA 表达,表明血浆内催乳素浓度的增大可以在一定程度上解释 SCD 基因表达量在泌乳期增加的现象。另有研究者指出,小鼠催乳素也可能通过 PI3K - Akt 通路影响乳脂肪的合成。Burgos 等人在奶牛乳腺上皮细胞中添加催乳素,发现催乳素可以使 Akt 的磷酸化水平升高,影响脂代谢基因的表达。

1.5.3 生长激素和胰岛素样生长因子 I

生长激素是腺垂体分泌的蛋白质激素,具有调控机体生长发育和促进蛋白质合成、脂肪分解、肝脏糖异生等作用。生长激素与肝细胞表面的生长激素受体相结合,激活 JAK - STAT 信号通路,促进胰岛素样生长因子 I 的合成和分泌。大量的研究证实,生长激素在调控泌乳方面的功能大多是由胰岛素样生长因子 I 介导的。有研究表明,奶牛乳腺组织中可能存在生长激素受体和胰岛素样生长因子 I 受体。在乳腺上皮细胞中,胰岛素样生长因子 I 的功能是通过结合胰岛素样生长因子的 I 型受体发起的。与 I 型受体结合后,胰岛素样生长因子 I 与 PI3K 的 p85α 亚基结合,激活丝氨酸/苏氨酸激酶。有研究者发现:生长激素可将进入肝脏的乳脂肪合成前体物重新合成 TAG,并以 VLDL 的形式输出肝脏,为乳腺提供更多的乳脂肪合成前体物;生长激素在脂肪组织中的作用正好相反,它促进脂肪组织动员,将储存的脂肪分解成脂肪酸,为乳腺提供更多的乳脂肪合成前体物。

1.5.4 瘦素

瘦素是一种由脂肪组织细胞分泌的激素,在体内与脂肪的储存量成正比。

在人类、大鼠、小鼠、牛和猪的乳汁中均存在具有免疫反应活性的瘦素。奶牛体内瘦素的分泌和代谢对奶牛产奶性能有相当重要的调控作用。有研究者在泌乳早期山羊的乳腺中检测到由乳腺脂肪组织分泌的瘦素。在奶牛乳腺中，无论是乳腺脂肪垫还是乳腺上皮细胞，都可以产生瘦素。有研究者在奶牛乳腺上皮细胞中检测到长型瘦素受体的表达。瘦素与受体结合后，可通过调控 mTOR 信号通路刺激乳腺上皮细胞增殖，抑制乳腺上皮细胞凋亡，促进乳脂肪和乳蛋白的合成。瘦素能够调控能量供应，通过调控代谢满足妊娠和泌乳期的营养供给需求。牛淑玲用不同能量水平的饲料饲喂奶牛，发现乳脂肪与血浆中瘦素的浓度存在密切的关系。

1.5.5 其他激素对乳脂肪合成的影响

胰高血糖素和儿茶酚胺可以通过促使 ACC 磷酸化而直接抑制脂肪酸的生成。杨建英等人给不同泌乳期的奶牛饲喂大豆黄酮（又称植物雌激素），发现大豆黄酮会显著提高泌乳后期奶牛的乳脂肪率和乳蛋白含量，这可能是由于大豆黄酮与动物雌激素有相似的结构和功能。此外，作为哺乳动物妊娠期主要分泌的两种激素之一，孕激素很有可能与催乳素共同参与对奶牛乳脂肪合成的调控。

1.6 脂肪酸对乳脂肪合成的调控

脂肪酸的基本结构为疏水多碳链，包括饱和脂肪酸、单不饱和脂肪酸、多不饱和脂肪酸。20 世纪 80 年代，人们发现脂肪酸作为一种基因表达的调控因子可以直接地和独立地调控基因表达，尤其是 n-3 系列、n-6 系列的多不饱和脂肪酸与基因调控之间的关系最为密切。近年来的研究发现，脂肪酸可以调控一些编码代谢关键酶的基因表达，对脂肪酸的生化合成和氧化起到独特的调控作用。这充分说明，脂肪酸不仅是供能物质和生物膜的重要组成部分，而且可以通过细胞膜受体信号途径和转录因子活化途径调控基因表达，从而发挥重要的生理作用。乳腺乳脂肪合成的生化途径已基本清晰，即许多基因参与乳脂肪的合成,然而关于脂肪酸与脂肪合成基因表达方面的研究还不全面。目前,通常采用体外细胞模型和体内动物实验来研究不同类型的脂肪酸对参与乳脂肪合成的少数特定候选基因(如 *LPL*、*ACC*、*FAS*、*SCD* 等)表达的影响。

过去的很多研究集中于 CLA 对乳脂肪合成的调控。CLA 是瘤胃微生物对亚油酸生物氢化作用的中间产物。Baumgard 等人证明,*trans* – 10、*cis* – 12 CLA 是唯一使乳脂肪合成量大幅度减少的异构体。他们发现,*cis* – 9、*trans* – 11 CLA 对乳脂肪合成量没有影响。此外,*trans* – 9、*cis* – 11 CLA 和 *cis* – 10、*trans* – 12 CLA 也被证明是乳脂肪合成的抑制剂。关于 *trans* – 10、*cis* – 12 CLA 对奶牛乳腺脂肪生成基因表达影响的研究比较多。真胃灌注 *trans* – 10、*cis* – 12 CLA 可使 *ACC*、*FAS*、*GPAT*、*AGPAT*、*LPL* 的 mRNA 表达水平降低 40% ~ 50%。*trans* – 10、*cis* – 12 CLA 通过 SREBP1 的调控作用影响脂肪生成相关基因的表达。Harvatine 和 Bauman 发现,*trans* – 10、*cis* – 12 CLA 能使 *SREBP1* 的 mRNA 表达水平显著降低,这也支持了上述观点。因此,*trans* – 10、*cis* – 12 CLA 导致的生脂基因表达水平的降低可能由 *SREBP1* 基因表达水平的降低引起,而不受细胞核受体基因表达变化的影响。Drackley 和 Bremmer 等人发现,饱和脂肪酸对乳脂肪产量没有影响。油酸作为一种单不饱和脂肪酸,很难抑制乳脂肪合成。例如,Lacount 等人发现,真胃灌注菜籽油(富含油酸和亚油酸)或者富含油酸的葵花籽油会使乳脂肪含量及乳脂肪产量增加。此外,与富含油酸的灌注物相比,真胃灌注富含 *trans* 脂肪酸的油脂能显著减少奶牛乳脂肪量。奶牛皱胃灌注 *trans* – 10、*cis* – 12 CLA 或鱼油能使乳脂肪率和乳脂肪产量下降。为研究瘤胃中不饱和长链脂肪酸对奶牛产奶性能的影响,研究者向皱胃灌注葡萄籽油和葵花籽油,发现乳脂肪率在泌乳中期升高而在泌乳早期无变化。十二指肠灌注棕榈酸、硬脂酸或油酸,可分别增加奶牛乳中这三种脂肪酸的含量,并且不同程度地提高乳脂肪率。Dohme 等人发现,补充 C18:0 虽然对乳脂肪的分泌量没有影响,但可以使乳中 C18:0 及总 C18 脂肪酸显著增加。在日粮添加 C16:0 和 C18:0 的对比实验中,Rico 等人发现,对于泌乳早期的奶牛而言,添加棕榈酸组的产奶量、乳脂肪率和乳脂肪产量均大于添加硬脂酸组。Kadegowda 等人认为,内源合成的脂肪酸是乳腺合成乳脂肪的限制性因素。日粮补充饲喂脂肪饲料对奶牛乳脂肪率的影响很大,但不同研究的结果存在一定的差异,这可能与饲喂的脂肪种类和脂肪补给量有关。

用浓度逐渐增大的油酸（20～100 μmol/L）和反式十八碳烯酸处理奶牛乳腺上皮细胞会降低 ACC、FAS 的活性。用 75 μmol/L 的 $trans-10$、$cis-12$ CLA 处理奶牛乳腺上皮细胞会使放射性标记的醋酸利用率降低 50%。然而，与 75 μmol/L 的 $trans-10$、$cis-12$ CLA 相比，用 75 μmol/L 的 $cis-9$、$trans-11$ CLA 处理 MAC-T 细胞没有显著降低 ACC、FAS 的 mRNA 表达水平。Peterson 等人发现，与牛血清白蛋白对照组相比，$cis-9$、$trans-11$ CLA 和 $trans-10$、$cis-12$ CLA 处理的乳腺上皮细胞 $SREBP1$ 的 mRNA 表达水平没有显著不同，但与 $cis-9$、$trans-11$ CLA 相比，$trans-10$、$cis-12$ CLA 能显著促进 SREBP 蛋白前体的表达，抑制成熟 SREBP 的表达，因此认为它通过抑制 SREBP1 的蛋白水解作用减弱很多脂肪合成基因的转录激活作用。Zhang 等人发现，$trans-10$、$cis-12$ CLA 使从头合成相关基因的转录水平和翻译水平降低，但使脂滴的形成和 TAG 的含量显著增加。有研究表明：外源添加长链脂肪酸培养乳腺上皮细胞可以影响短链、中链脂肪酸的从头合成及其相关基因的表达；添加硬脂酸会促进乳腺中 TAG 的合成；向奶牛乳腺上皮细胞中添加软脂酸能刺激丁酸和软脂酸的合成。Wright 等人用软脂酸处理奶牛乳腺上皮细胞，发现软脂酸抑制脂肪酸的合成。与体内实验相反，Hansen 和 Knudsen 发现，向奶牛乳腺上皮细胞中添加油酸能显著抑制短链、中链脂肪酸的合成和酯化，以同样的方法处理山羊乳腺上皮细胞也观察到这样的结果。Yonezawa 等人通过向牛乳腺上皮细胞培养基中添加短链脂肪酸盐（乙酸盐和丁酸盐）或中链脂肪酸盐（辛酸盐）检测乳腺上皮细胞质中 TAG 的累积效应，发现辛酸盐以浓度依赖的方式（1～10 mmol/L）刺激 TAG 的累积，促进脂滴形成和 $CD36$ 的 mRNA 表达。另外，乙酸盐或辛酸盐促进 PPARγ2 的蛋白表达，但添加乙酸盐或丁酸盐可显著抑制瘦素的 mRNA 表达。研究者还发现，短链、中链脂肪酸都可抑制 ACC 的活性，但可提高解偶联蛋白 2 基因（$UCP2$）的 mRNA 表达水平。这些结果表明，辛酸盐诱导牛乳腺上皮细胞质中 TAG 的累积及脂滴的形成，乙酸盐、丁酸盐抑制瘦素的表达和脂类合成。胡蔺等人的研究表明，长链脂肪酸亚麻酸对乳腺上皮细胞脂肪酸关键合成酶的基因转录具有抑制作用，而 CD36 在长链脂肪酸转运进入奶牛乳腺上皮细胞的过程中发挥重要作用。王红芳发现，150 μmol/L 的 $trans-10$、$cis-12$ CLA 对 TAG 合成基因的表达有一定的促进作用，但能显著抑制脂肪酸合成基因的表达，认为 $trans-10$、$cis-12$ CLA 通过抑制脂肪酸的从头合成降低

TAG 的含量,并证实 *trans* – 10、*cis* – 12 CLA 能降低 SREBP1 活性蛋白的含量。常磊发现,饲喂高剂量 CLA 的泌乳期母鼠乳腺组织的脂肪酸合成酶基因 *ACC*、*FAS*、*SCD* 的表达水平显著降低,表明 CLA 抑制小鼠乳腺脂肪酸合成酶的表达,同时调控因子基因 *PPAR*、*SREBP* 的表达水平也显著降低,说明 PPAR、SREBP 作为脂肪酸合成酶的调控因子,可能在 CLA 诱导的乳脂肪合成量减少过程中具有一定的调控作用。李君等人发现:向山羊乳腺细胞中添加 100 μmol/L、200 μmol/L的油酸可显著促进 *DGAT2*、*ACC*、*FAS* 基因的表达,显著抑制 *SCD1* 基因的表达,而对 *PPAR*γ 基因的表达无显著影响;添加 20 μmol/L 的亚油酸可显著抑制 *ACC*、*FAS* 基因的表达;亚油酸浓度为 40 μmol/L 和 80 μmol/L 时可显著促进 *DGAT2* 基因的表达,抑制 *SCD1*、*SREBP1* 基因的表达,而对 *ACC*、*FAS*、*PPAR*γ 基因的表达均无显著影响。其研究结果表明,100 ~ 200 μmol/L 的油酸和 40 ~ 80 μmol/L 的亚油酸对奶山羊乳腺上皮细胞乳脂肪合成有较大的促进作用。韩慧娜等人的研究表明,乙酸对奶牛乳腺上皮细胞内乳脂肪的合成及乳脂肪合成相关基因 *FAS*、*ACC* 的 mRNA 表达有极显著的促进效果。常晨城等人发现,低浓度的 β – 羟丁酸可促进奶牛乳腺上皮细胞内脂滴的形成。齐利枝等人发现,乙酸对奶牛乳腺上皮细胞内脂滴的形成、TAG 的累积和 *PPAR*γ 基因的表达有显著的促进作用。李楠等人向体外培养的奶牛乳腺上皮细胞中添加硬脂酸,发现硬脂酸能显著增加 ACC、FAS、SCD 酶的含量。Ma 等人用含有 SRE、PPAR 或 Liver – X 元件的荧光素酶报告基因转染细胞,发现 *trans* – 10、*cis* – 12 CLA 对 SRE 有抑制作用。Wang 等人发现,150 μmol/L 的 *trans* – 10、*cis* – 12 CLA 会减少奶牛乳腺上皮细胞内中短链脂肪酸和不饱和脂肪酸的合成,并不同程度地调控参与脂肪酸从头合成、转运以及 TAG 合成的基因的丰度。Jacobs 等人发现,C18 不饱和脂肪酸对 SREBF1 和 INSIG1 有抑制作用,C18:0 也极显著地抑制 INSIG1 的表达。

1.7　乳脂肪合成的影响因素

乳中所含脂肪的比例即为乳脂肪率。乳业生产中一般以乳脂肪率的大小衡量乳脂肪水平。乳脂肪率是衡量反刍动物生产性能的一项重要指标。在我国目前的反刍动物饲养管理中,普遍存在乳脂肪率较低等问题。乳脂肪率受到多种因素(如品种、生理状态、饲料营养、健康状况等)的影响。

1.7.1 遗传和生理因素

不同品种奶牛的采食量不同,会使瘤胃发酵类型不同,从而使不同品种奶牛的血液供应量和乳腺吸收率存在差异,进而导致乳腺中乳脂肪合成的前体物量不同,影响奶牛的乳脂肪合成能力。例如,荷斯坦奶牛的乳脂肪含量低,而娟山奶牛的乳脂肪含量高。在所有乳成分中,乳脂肪合成相对稳定,但乳脂肪率会随产奶量的变化而发生变化。同一品种的不同个体的产奶量与乳脂肪率也不同。例如,荷斯坦奶牛不同个体的产奶量为 3 000 ~ 8 000 kg,乳脂肪率为 2.6%~5.2%。随着年龄和胎次的增加,牛乳的乳脂肪率和无脂固形物含量会降低;在哺乳期的不同月份,牛乳乳脂肪含量也不尽相同,一般来说,产奶量高时乳脂肪率低,产奶量低时乳脂肪率高。因此,可以运用遗传技术改善奶牛的遗传基因,使产奶量与乳脂肪率达到一个相对稳定的状态。

1.7.2 日粮结构

日粮结构会影响乳脂肪率。日粮精粗比(精、粗饲料的比例)是反映日粮结构的重要指标,也是影响乳脂肪率的重要因素。精粗比对奶牛瘤胃发酵特性和挥发性脂肪酸组成有影响。一般来说,精粗比越大,瘤胃的 pH 值越小,越不利于乙酸发酵,而乙酸是奶牛合成乳脂肪的主要前体物。以往的研究表明,日粮中高精饲料含量的增加有利于提高产奶量和乳蛋白率,但不利于提高乳脂肪率。日粮中粗饲料含量较大时,有利于乙酸发酵。随着瘤胃中乙酸、丁酸浓度的增大,奶牛的乳脂肪率增大。

1.7.3 饲料营养

(1)饲料中碳水化合物

饲料中主要的碳水化合物是粗纤维和淀粉,它们是影响乳脂肪率的重要因素。牧草、秸秆、农作物残渣等组成的饲料中含有丰富的纤维,其中粗纤维的含量对乳脂肪率的影响最大。纤维在瘤胃中分解为乙酸,而淀粉能促进瘤胃发酵,降低 pH 值,促进丙酸生成。乳脂肪率与瘤胃中乙酸、丙酸的含量正相关。

(2)饲料中脂类

补饲脂类饲料对乳脂肪率的影响最大。多项研究表明,补饲脂肪对乳脂肪率的影响程度差异较大,可能与补饲脂肪量及脂肪组成等因素有关。有研究表明:在采食量低的奶牛饲料中添加脂肪作为补充物,能够提高奶牛的产奶量与乳脂肪率;在饲料中补饲硬脂酸与棕榈酸均能够提高奶牛的产奶量与乳脂肪率,但是棕榈酸的效果更好。一般来说,在饲料中添加饱和脂肪酸能够增加乳脂肪的含量。脂肪中的不饱和脂肪代谢产生的不饱和脂肪酸可与瘤胃中的氢结合,促进丙酸生成,减少乳脂肪含量,但是未被氢化的不饱和脂肪酸会增加乳脂肪中不饱和脂肪酸的含量。高产奶牛饲料中应添加一定量的脂肪,以缓解泌乳早期能量的负平衡。添加脂肪适当,乳脂肪率略有增加或保持不变,乳蛋白含量不会显著减少,且产奶量增加;添加脂肪不适当,乳蛋白含量可能下降 $0.1\% \sim 0.2\%$。因此,以合理的量与合理的方式添加脂肪显得尤为重要。

(3)饲料中蛋白质

蛋白质为动物提供的营养实质上是氨基酸,蛋白质及其氨基酸的组成与乳脂肪的合成有一定的关系,尤其是必需氨基酸在促进脂肪基因调控乳脂肪合成方面发挥重要作用。饲料中蛋白质的增加往往会提高动物的采食量,在提高产奶量的同时,乳脂肪率会因产奶量的增加而有所降低。有研究者用不同种类的饲料饲喂奶牛后发现,相对于饲喂低蛋白质饲料的奶牛,饲喂高蛋白质饲料的奶牛的产奶量高,乳脂肪率低,但是总的乳脂肪产量高。有研究者给奶牛饲喂不同蛋白质水平的饲料,发现提高饲料蛋白质水平可显著提高奶牛泌乳早期 $(1 \sim 150 \text{ d})$ 的产奶量、乳脂肪率和乳蛋白含量,而在中、晚期 $(151 \sim 305 \text{ d})$ 降低饲料蛋白质水平对产奶量、干物质摄入量、乳脂肪率和乳蛋白含量无显著影响。饲料蛋白质在瘤胃中降解产生的 NH_3 能够改变瘤胃的 pH 值,从而影响乳脂肪的合成。高蛋白质饲料影响奶牛泌乳早期的脂肪代谢,增加乳中长链脂肪酸的含量。低纤维饲料会导致乳脂肪率低,在饲料中添加蛋白质可改善此情况,且改善效果比高纤维饲料显著。有研究表明,以酒糟蛋白饲料部分替代大麦青贮饲料,泌乳奶牛的产奶量提高,但乳脂肪率有所下降。

（4）饲料中缓冲剂、乙酸盐

奶牛饲料中的缓冲剂会对常年饲喂青贮饲料和精料比例偏高饲料的奶牛产生影响，这是因为青贮饲料的酸性和精料碳水化合物产生的有机酸可以与呈碱性的缓冲剂中和，增大瘤胃中乙酸与丙酸的比值和有机物消化率，使奶牛的乳脂肪率及乳产量有所提高。常用的饲料缓冲剂有氧化镁、硫酸镁、碳酸氢钠等。对于高产奶牛而言，为了保证饲料的能量水平，粗饲料的添加量受到限制，此时可通过添加一定量的乙酸钠提高乳脂肪率，这是因为乙酸钠的添加可使瘤胃中乙酸与丙酸的比值增大。乙酸钠可促进机体电解质的平衡，刺激肝脏、肾脏和肠黏膜。添加乙酸钠还可增加反刍动物体内乙酸的含量，乙酸可直接进入细胞转化为乙酰辅酶 A 合成脂肪，从而提高乳脂肪率。

（5）其他饲料添加剂

合理地使用饲料添加剂能够促进动物体内营养物质的平衡，从而有利于促进乳脂肪的合成。目前用于提高乳脂肪率的饲料添加剂主要是微生态制剂等。微生态制剂的主要作用是调控反刍动物瘤胃的菌群，而瘤胃内优势菌群量的增加可以调控瘤胃内环境，但是添加不同种类的微生态制剂对瘤胃菌群的调控作用是不同的。有研究表明，在饲料中添加酵母通常可使奶牛的产奶量提高 $7\% \sim 10\%$，使乳脂肪率提高 $0.1\% \sim 1.3\%$。另有研究表明，在泌乳奶牛饲料中添加微生态制剂可以提高其产奶量，并改善乳品质和提高乳脂肪率。但是，也有研究者发现，向奶牛饲料中添加微生态制剂对乳脂肪率没有影响。因此，可以根据不同奶牛饲粮的实际需要开发一种能够调控瘤胃微生物并使乳脂肪率提高的微生态制剂。有研究表明，在奶牛饲料中添加烟酸也可以促进瘤胃中微生物的生长，提高瘤胃对纤维的消化率，进而提高乳脂肪率或产奶量，且一般在泌乳早期的高产奶牛饲料中添加烟酸效果比较好。而对于泌乳早期的奶山羊，在饲料中添加 CLA 可以显著提高产奶量，但会降低乳脂肪率。也有研究表明，十二指肠灌注 $trans - 10$、$cis - 12$ CLA 会降低乳脂肪的含量和产量，而瘤胃灌注丙酸对乳脂肪的合成没有显著影响。$trans - 10$、$cis - 12$ CLA 也会降低牛奶中所有脂肪酸的含量。另外，脂肪酸钙是一种能同时提高产奶量和乳脂肪率的优质饲料添加剂。它能够安全地通过牛的瘤胃而不被分解，不影响瘤胃微生物的生长，但在真胃、小肠中因 pH 值的变化而被分解、吸收。

1.7.4 瘤胃中挥发性脂肪酸

瘤胃中90%左右的挥发性脂肪酸是乙酸、丙酸和丁酸。瘤胃微生物将大部分饲料中的碳水化合物转化为挥发性脂肪酸,它是奶牛的基本能量来源和乳脂肪前体物的重要合成原料。其中,乙酸和丙酸对乳脂肪合成的影响较大。若日粮中含有大量的粗饲料和少量的精饲料,奶牛每天只反刍5~8 h,并产生大量唾液,使瘤胃的酸碱度维持在中性范围内,使细菌能够消化纤维,则瘤胃产生的乙酸足以合成乳脂肪。然而,在这种情况下,丙酸量不足,肝脏中葡萄糖的合成受到限制,从而限制产奶量。随着饲料中精饲料比例的升高,乙酸的比例会逐渐下降,而丙酸的比例会升高,此时乳腺中的乙酸供应将减少。大量饲喂精饲料时,乙酸的比例会下降到40%以下,而乳腺中乙酸供应减少会造成乳脂肪率下降。此外,奶牛瘤胃中丙酸合成的过量的葡萄糖通常会导致体脂沉积和体重增加,但不影响产奶。有研究表明,真胃灌注乳脂肪可提高乳脂肪含量,这也表明短链、中链脂肪酸是乳脂肪合成的限制因素。

1.7.5 饲养管理

高温对奶牛的生产性能有很大的影响,饲养奶牛的最适温度为10~16 ℃,如果温度超过30 ℃,乳脂肪率就会降低。粗饲料的添加量和颗粒大小也会影响乳脂肪率。乳脂肪率下降的主要原因是瘤胃酸度过高,而瘤胃酸度高的主要原因是精饲料饲喂过多,饲料粗纤维含量不足,粗饲料颗粒过小,导致唾液分泌不足。粗饲料的颗粒大小应为2~3 cm,且不小于1 cm。颗粒过小的粗饲料会降低乳脂肪率。对奶牛饲喂次数越多,奶牛咀嚼次数越多、时间越长,乙酸分泌量就越大,乳脂肪率就越高。饲喂干草也可提高乳脂肪率。此外,挤奶次数和挤奶间隔对乳脂肪率也有影响。每天挤3次奶的奶牛的乳脂肪率高于每天挤2次奶的奶牛的乳脂肪率;挤奶间隔时间较长则产奶量较多,但乳脂肪率较低,间隔时间以7~8 h为宜。在奶牛乳房的不同部位,乳脂肪率有很大的差别。乳腺细胞中乳脂肪含量最高(10%~12%);乳池和输乳管中乳脂肪含量较低,分别仅为0.8%~1.2%和1%~1.8%。因此,挤奶技术的差异也会对乳脂肪率产生影响。

总之,影响动物乳脂肪合成的因素众多,且并不是通过单一的作用体现的,它们对乳脂肪合成的影响往往是多种因素综合作用的结果。

第 2 章　乳腺组织乳脂肪合成相关基因和蛋白表达

我国的牛奶普遍存在乳产量较低和乳品质较差等问题,牛奶中乳脂肪的含量普遍偏低,达不到奶牛的遗传潜力,甚至部分低于国家标准,削弱了我国乳制品在国内外市场中的竞争力。因此,提高奶牛乳产量及乳脂肪含量成为我们亟须解决的问题。奶牛乳脂肪率除了受遗传因素和环境因素的影响以外,还受多种营养因素的影响。奶牛乳脂肪合成的前体物主要是乙酸和 β‐羟丁酸,还有乳腺从血液中摄取的长链脂肪酸。以往的研究主要关注脂肪酸对奶牛生产性能的影响,而关于脂肪酸与乳腺乳脂肪合成功能基因互作关系的研究(互作研究)较少。本书采用实时荧光定量聚合酶链反应(qRT‐PCR)和蛋白质印迹法(Western blotting)筛选不同泌乳品质奶牛乳腺组织差异表达基因和差异表达蛋白,作为体外乳腺上皮细胞脂肪酸与乳脂肪合成功能基因互作研究的评价指标。

2.1 乳腺组织乳脂肪合成相关基因表达

本书选用中国荷斯坦奶牛作为实验动物,根据实验需要选取 3 组不同泌乳品质的奶牛:高乳品质奶牛组、低乳品质奶牛组和干乳期奶牛组。其中,高乳品质、低乳品质奶牛的分组依据(乳成分含量)见表 2‐1。实验所选取的奶牛在同一牛场饲养,生理状态正常,乳腺健康,无患病记录,泌乳期产奶正常。将各组奶牛饲养到预定取样时间点,处死,收集乳腺组织样本。

表 2‐1 高乳品质、低乳品质奶牛乳成分含量

单位:%

常规成分	高乳品质奶牛	低乳品质奶牛
乳蛋白	3.27 ± 0.04	2.89 ± 0.02
乳脂肪	4.17 ± 0.01	3.20 ± 0.06
乳糖	4.84 ± 0.03	4.52 ± 0.09
干物质	11.93 ± 0.01	10.89 ± 0.03

分别提取高乳品质奶牛组、低乳品质奶牛组和干乳期奶牛组乳腺组织的总RNA,采用 qRT‐PCR 检测 3 组奶牛乳腺组织乳脂肪合成相关基因的表达情

况。结果表明:以干乳期奶牛组为对照组,高乳品质奶牛组和低乳品质奶牛组乳腺组织脂肪酸摄取、转运、活化相关基因 CD36、FABP3、ACSL1、ACSS2 的 mRNA 表达水平(以基因 mRNA 相对表达量衡量)显著升高($P < 0.05$),且高乳品质奶牛组 CD36、FABP3、ACSL1、ACSS2 的 mRNA 表达水平显著高于低乳品质奶牛组($P < 0.05$),如图 2 – 1(a)所示;以干乳期奶牛组为对照组,高乳品质奶牛组和低乳品质奶牛组乳腺组织脂肪酸从头合成、去饱和相关基因 ACC、FAS、SCD 的 mRNA 表达水平显著升高($P < 0.05$),且高乳品质奶牛组 ACC、FAS、SCD 的 mRNA 表达水平显著高于低乳品质奶牛组($P < 0.05$),如图2 – 1(b)所示;以干乳期奶牛组为对照组,高乳品质奶牛组和低乳品质奶牛组乳腺组织 TAG 合成相关基因 GPAT、AGPAT6、DGAT1 的 mRNA 表达水平显著升高($P < 0.05$),且高乳品质奶牛组 GPAT、AGPAT6、DGAT1 的 mRNA 表达水平显著高于低乳品质奶牛组($P < 0.05$),如图 2 – 1(c)所示;以干乳期奶牛组为对照组,高乳品质奶牛组和低乳品质奶牛组乳腺组织乳脂肪合成转录调控相关基因 PPARγ、PPARGC1α、SREBP1、INSIG1、SCAP 的 mRNA 表达水平显著升高($P < 0.05$),且高乳品质奶牛组 PPARγ、PPARGC1α、SREBP1、INSIG1、SCAP 的 mRNA 表达水平显著高于低乳品质奶牛组($P < 0.05$),如图 2 – 1(d)所示。

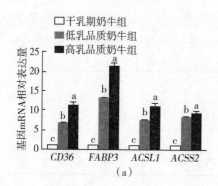

(a)

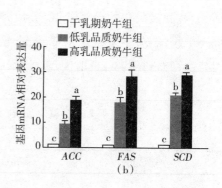

(b)

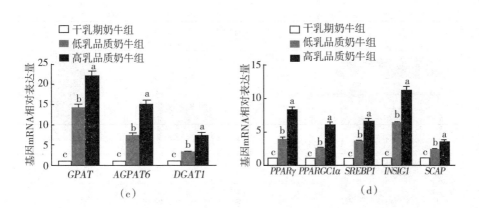

图 2 - 1　不同泌乳品质奶牛乳腺组织乳脂肪合成相关基因的表达情况

注：(a)为乳腺组织脂肪酸摄取、转运、活化相关基因的 mRNA 表达水平；(b)为乳腺组织脂肪酸从头合成、去饱和相关基因的 mRNA 表达水平；(c)为乳腺组织 TAG 合成相关基因的 mRNA 表达水平；(d)为乳腺组织乳脂肪合成转录调控相关基因的 mRNA 表达水平。数据均以"平均值 ± 标准差"表示，实验重复 5 次。小写字母不同表示差异显著（$P < 0.05$）。

2.2　乳腺组织乳脂肪合成转录调控因子及相关蛋白表达

　　分别提取高乳品质奶牛组、低乳品质奶牛组和干乳期奶牛组乳腺组织的总蛋白，采用 Western blotting 检测乳脂肪合成转录调控因子及相关蛋白的表达情况。结果表明：高乳品质奶牛组和低乳品质奶牛组乳腺组织脂肪酸摄取蛋白 CD36 和脂肪酸转运蛋白 FABP3 的表达水平显著高于干乳期奶牛组（$P < 0.05$），且高乳品质奶牛组 CD36、FABP3 的蛋白表达水平显著高于低乳品质奶牛组（$P < 0.05$），如图 2 - 2(a)、(b)所示；高乳品质奶牛组和低乳品质奶牛组乳腺组织乳脂肪合成转录调控因子 PPARγ、PPARGC1α、SREBP1、INSIG1、SCAP 的蛋白表达水平显著高于干乳期奶牛组（$P < 0.05$），且高乳品质奶牛组 PPARγ、PPARGC1α、SREBP1、INSIG1、SCAP 的蛋白表达水平显著高于低乳品质奶牛组（$P < 0.05$），如图 2 - 2(a)、(c)所示。

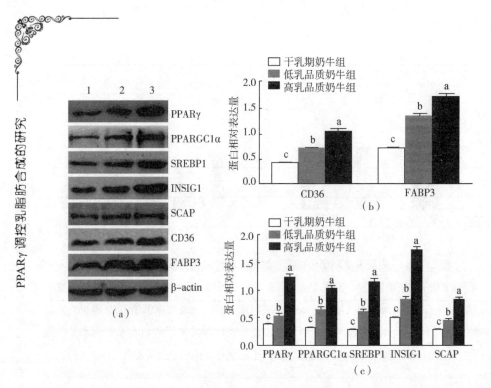

图 2 - 2　不同泌乳品质奶牛乳腺组织乳脂肪合成转录调控因子及相关蛋白的表达情况

注:(a)为乳腺组织乳脂肪合成转录调控因子及相关蛋白表达的 Western blotting 检测结果,其中 1 为干乳期奶牛组,2 为低乳品质奶牛组,3 为高乳品质奶牛组,β - actin 为内参蛋白;(b)为乳腺组织 CD36、FABP3 的蛋白表达水平;(c)为乳腺组织 PPARγ、PPARGC1α、SREBP1、INSIG1、SCAP 的蛋白表达水平。数据均以"平均值 ± 标准差"表示,实验重复 5 次。小写字母不同表示差异显著($P < 0.05$)。

2.3　不同泌乳品质奶牛乳腺组织乳脂肪合成相关基因表达和蛋白表达分析

　　乳腺作为哺乳动物分泌乳汁的器官,在泌乳过程中经历复杂的组织、细胞变化,特别是在合成和分泌营养物质的过程中,乳腺细胞的基因表达和蛋白表达形成复杂的调控网络。乳脂肪是动物乳汁中的脂肪,是乳中的主要营养成分之一,也是乳品质的重要衡量指标。乳脂肪在乳中以乳脂肪球的形态存在。乳脂肪球的直径小,而且呈高度乳化状态,极易被消化、吸收,给人体造成的负担小。乳脂肪中含有丰富的酶、免疫物质、生长因子等生物活性物质,因此乳脂肪是一种营养价值较高的脂肪。随着人们对乳脂肪研究的不断深入,乳脂肪的作用也逐步得到关注。奶牛乳脂肪合成涉及多个代谢途径,需要多种参与乳脂肪合成的关键酶和蛋白发挥作用。本书采用 qRT – PCR 和 Western blotting 检测高乳品质奶牛、低乳品质奶牛、干乳期奶牛乳腺组织乳脂肪合成相关基因和蛋白的表达情况,筛选出不同泌乳品质奶牛乳腺乳脂肪合成过程中的差异表达基因和差异表达蛋白,为进一步研究脂肪酸与乳脂肪合成功能基因的互作关系确定评价指标。

　　qRT – PCR 结果表明,与干乳期奶牛相比,高乳品质奶牛和低乳品质奶牛乳腺脂肪酸摄取、转运、活化相关基因 *CD36*、*FABP3*、*ACSL1*、*ACSS2*,脂肪酸从头合成相关基因 *ACC*、*FAS*,脂肪酸去饱和相关基因 *SCD*,TAG 合成相关基因 *GPAT*、*AGPAT6*、*DGAT1*,以及乳脂肪合成转录调控相关基因 *PPARγ*、*PPARGC1α*、*SREBP1*、*INSIG1*、*SCAP* 的 mRNA 表达水平显著升高,且高乳品质奶牛显著高于低乳品质奶牛。Western blotting 结果表明,与干乳期奶牛相比,高乳品质奶牛和低乳品质奶牛乳腺脂肪酸摄取、转运蛋白 CD36、FABP3,以及乳脂肪合成转录调控因子 PPARγ、PPARGC1α、SREBP1、INSIG1、SCAP 的蛋白表达水平显著升高,且高乳品质奶牛显著高于低乳品质奶牛。

　　反刍动物乳腺组织中与乳脂肪合成有关的蛋白很多,且分别发挥不同的生理作用。CD36 是反刍动物乳腺中的长链脂肪酸转运蛋白,其对牛乳腺细胞脂肪酸的摄取有重要作用。FABP3 为脂肪酸结合蛋白,主要负责在细胞内转运脂肪酸。ACSL1、ACSS2 分别活化细胞内的长链脂肪酸、短链脂肪酸。ACC 和 FAS 是奶牛乳腺上皮细胞脂肪酸从头合成的 2 个关键酶。SCD 是奶牛乳腺组织内参与单不饱和脂肪酸合成的主要酶,它可在十六烷酰辅酶 A 和十八烷酰辅酶 A 的 Δ^9 位置引入双键。GPAT、AGPAT6、DGAT1 等参与催化 TAG 的合成。SREBP1 和 PPARγ 在奶牛乳脂肪合成基因网络中具有主导作用,它们可以调控多数已知乳脂肪合成相关基因的表达。INSIG1 和 SCAP 能参与调控 SREBP1 的活化。PPARGC1α 是 *PPARγ* 基因的共活化因子,它通过与转录因子的互作结合于靶基因的启动子区,协助调控基因表达。

　　Bionaz 和 Loor 对从临产期/非泌乳期到泌乳末期的奶牛乳腺与脂类合成及分泌有关的基因进行定量 PCR,发现泌乳期奶牛乳腺 *CD36*、*FABP3*、*ACSL1*、

ACSS2、*ACC*、*FAS*、*SCD*、*AGPAT6*、*GPAT*、*INSIG1*、*SREBF1*、*PPARγ*、*PPARGC1α* 等基因的表达水平都显著升高。本书的研究结果表明，不同泌乳品质奶牛乳腺乳脂肪合成时发生多个基因、蛋白差异表达，而且高、低乳品质奶牛的乳脂肪含量也相差很大，我们推测不同乳品质奶牛乳腺中这些差异表达的基因和蛋白在一定程度上影响乳脂肪含量。因此，本书将由 qRT - PCR 和 Western blotting 筛选出的与乳脂肪合成有关的差异表达的基因与蛋白，作为体外乳腺上皮细胞脂肪酸与乳脂肪合成功能基因互作研究的评价指标。

第3章 乳脂肪合成前体物对乳腺上皮细胞乳脂肪合成的影响

近年来的研究表明,脂肪酸可以调控一些编码代谢关键酶的基因的表达,对脂肪酸的生化合成和氧化起到独特的调控作用。这充分说明脂肪酸在生命活动中具有重要作用,它们不仅是供能物质、生物膜的组成部分,而且可以通过细胞膜受体信号途径、转录因子活化途径等,间接、直接或独立地调控基因的表达。反刍动物乳脂合成前体物主要是乙酸和 β - 羟丁酸,以及乳腺从血液中摄取的长链脂肪酸,但目前国内外关于脂肪酸影响反刍动物乳脂合成的详细机制的研究很少。本书以健康、泌乳奶牛的乳腺上皮细胞为研究模型,通过添加不同的脂肪酸盐,探讨其对乳脂肪合成相关基因和蛋白表达的影响,预测其调控乳脂肪合成的信号转导通路,进而从分子水平探讨作为乳脂肪合成前体物的脂肪酸盐对乳脂肪合成的调控作用。

3.1 乳腺上皮细胞原代培养及鉴定

乳房的基本泌乳单位是乳腺上皮细胞,乳腺上皮细胞可以合成和分泌乳汁,故乳腺上皮细胞的数量和活力决定动物泌乳量。近年来,越来越多的研究者将奶牛乳腺上皮细胞作为理想的实验模型,研究机体、乳腺或腺泡的乳汁分泌机理,以及乳腺生理机理、疾病防治、乳蛋白基因表达、营养调控机理等。

本书采用组织块培养法体外培养泌乳期荷斯坦奶牛的乳腺上皮细胞,每隔 2 d 换 1 次培养液,大约培养 7 d 后,乳腺组织块周围开始爬出成纤维细胞,大约培养 14 d 后,乳腺组织块周围开始爬出乳腺上皮细胞,如图 3 - 1(a)所示。上皮细胞和成纤维细胞混合长满培养瓶后,将组织块吹掉,再放入培养箱中待其长满,由于上皮细胞与成纤维细胞对胰蛋白酶消化的敏感性不同,因此可将二者分离。在混合生长的原代细胞中,先加入 0.25% 胰蛋白酶,于 37 ℃ 消化,在倒置显微镜下观察,待成纤维细胞变圆时终止消化,然后倒出大部分脱落的成纤维细胞。将剩余的乳腺上皮细胞置于培养箱中继续培养。重复上述操作 2 ~ 3 次后,上皮细胞得以纯化。待上皮细胞铺满培养瓶后,用 0.02% 乙二胺四乙酸(EDTA) - 0.25% 胰蛋白酶对乳腺上皮细胞进行传代培养。用倒置相差显微镜对细胞进行形态学观察,纯化的乳腺细胞均为上皮细胞,形态均一,排列紧密,如图 3 - 1(b)所示。采用细胞免疫荧光法检测纯化后的奶牛乳腺上皮细胞角蛋白18(上皮细胞特异性表达蛋白)的表达情况。用激光扫描共聚焦显微镜观察到,纯化后的乳腺上皮细胞角蛋白18表达呈阳性,如图3-1(c)所示。图3-1(c)中的绿色荧光是角蛋白18,红色荧光是碘化丙啶(PI)染色的细胞核,说明本书获得了纯化的奶牛乳腺上皮细胞。

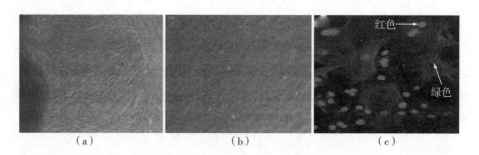

图3-1　奶牛乳腺上皮细胞原代培养和鉴定

注:(a)为成纤维细胞和乳腺上皮细胞混合生长(×200);(b)为纯化的乳腺上皮细胞(×200);(c)为角蛋白18鉴定乳腺上皮细胞(30 μm)。

3.2　乳脂肪合成前体物对乳腺上皮细胞乳脂肪合成的影响

乙酸和β-羟丁酸是奶牛乳腺脂肪酸从头合成的主要底物,乳腺也可以从血液中摄取长链脂肪酸参与合成乳脂肪。以往有的体内实验给奶牛灌注乙酸、丁酸盐或软脂酸、硬脂酸等,使乳脂肪的产量和浓度线性增加,而本书用不同浓度的乳脂肪合成前体物乙酸钠(0 mmol/L、2 mmol/L、4 mmol/L、8 mmol/L、12 mmol/L、16 mmol/L、20 mmol/L、24 mmol/L)、β-羟丁酸钠(0.00 mmol/L、0.25 mmol/L、0.50 mmol/L、0.75 mmol/L、1.00 mmol/L、1.25 mmol/L、1.50 mmol/L、1.75 mmol/L)、乙酸钠与β-羟丁酸钠混合物(在培养体系中添加乙酸钠和β-羟丁酸钠,浓度配比见表3-1)、软脂酸(0 μmol/L、75 μmol/L、100 μmol/L、125 μmol/L、150 μmol/L、175 μmol/L、200 μmol/L、250 μmol/L)、硬脂酸(0 μmol/L、75 μmol/L、100 μmol/L、125 μmol/L、150 μmol/L、175 μmol/L、200 μmol/L、250 μmol/L)作用于奶牛乳腺上皮细胞,研究其对乳脂肪合成的

影响。

表 3 – 1　实验因素与水平

水平	乙酸钠浓度/(mmol · L^{-1})	β – 羟丁酸钠浓度/(mmol · L^{-1})
1	8	0.75
2	12	1.00
3	16	1.25

3.2.1　乙酸钠对乳腺上皮细胞乳脂肪合成的影响

3.2.1.1　乙酸钠对奶牛乳腺上皮细胞活力、增殖能力、TAG 合成能力的影响

分别向奶牛乳腺上皮细胞中添加 0 mmol/L、2 mmol/L、4 mmol/L、8 mmol/L、12 mmol/L、16 mmol/L、20 mmol/L、24 mmol/L 的乙酸钠,每个浓度设置 5 个平行试样,培养 48 h,检测细胞活力和增殖能力。结果表明:当乙酸钠的浓度为 2 ~ 16 mmol/L 时,各处理组的细胞活力、增殖能力与对照组(添加 0 mmol/L 的乙酸钠)无显著差异($P > 0.05$),如图 3 – 2(a)、(b)所示;当乙酸钠的浓度为 20 mmol/L、24 mmol/L 时,各处理组的细胞活力、增殖能力与对照组相比显著降低($P < 0.05$)。根据检测结果,本书选择对细胞生长、增殖无抑制作用的乙酸钠浓度(0 ~ 16 mmol/L),从而筛选促进 TAG 合成的最佳乙酸钠浓度,结果如图 3 – 2(c)所示,即添加 12 mmol/L 的乙酸钠时,细胞培养液中 TAG 的含量最高($P < 0.05$)。

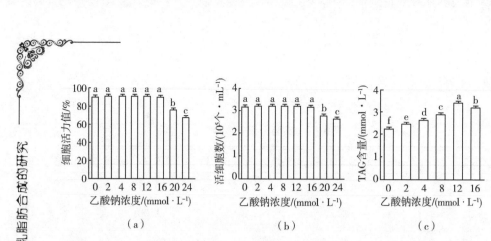

图 3 - 2　乙酸钠对奶牛乳腺上皮细胞细胞活力、增殖能力、TAG 合成能力的影响

注:(a)为乙酸钠对奶牛乳腺上皮细胞细胞活力的影响;(b)为乙酸钠对奶牛乳腺上皮细胞增殖能力的影响;(c)为乙酸钠对奶牛乳腺上皮细胞 TAG 合成能力的影响。数据均以"平均值 ± 标准差"表示,实验重复 5 次。小写字母不同表示差异显著($P < 0.05$),小写字母相同表示无显著差异($P > 0.05$)。

3.2.1.2　乙酸钠对奶牛乳腺上皮细胞乳脂肪合成相关基因表达的影响

参照乙酸钠对细胞活力、增殖能力、TAG 合成能力的影响,用 12 mmol/L 的乙酸钠处理乳腺上皮细胞 48 h,提取总 RNA,采用 qRT - PCR 分析乳脂肪合成相关基因的 mRNA 表达情况。结果表明:与对照组相比,12 mmol/L 的乙酸钠能显著提高脂肪酸转运、活化相关基因 *FABP3* 和 *ACSS2* 的 mRNA 表达水平($P < 0.05$),显著降低脂肪酸摄取相关基因 *CD36* 的 mRNA 表达水平($P < 0.05$),但对 *ACSL1* 的表达水平无显著影响($P > 0.05$),如图 3 - 3(a)所示;12 mmol/L的乙酸钠能显著提高脂肪酸从头合成、去饱和相关基因 *ACC*、*FAS*、*SCD* 及 TAG 合成相关基因 *GPAT*、*AGPAT6*、*DGAT1* 的 mRNA 表达水平($P < 0.05$),如图 3 - 3(b)、(c)所示;12 mmol/L 的乙酸钠能显著提高乳脂肪合成转录调控相关基因 *PPARγ*、*PPARGC1α*、*SREBP1*、*INSIG1*、*SCAP* 的 mRNA 表达水平($P < 0.05$),如图 3 - 3(d)所示。

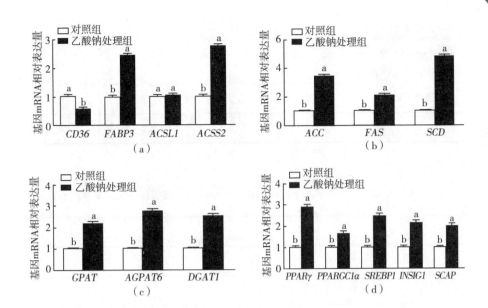

图 3 – 3　乙酸钠对奶牛乳腺上皮细胞乳脂肪合成相关基因表达的影响

注:(a)为乙酸钠对奶牛乳腺上皮细胞脂肪酸摄取、转运、活化相关基因表达水平的影响;(b)为乙酸钠对奶牛乳腺上皮细胞脂肪酸从头合成、去饱和相关基因表达水平的影响;(c)为乙酸钠对奶牛乳腺上皮细胞 TAG 合成相关基因表达水平的影响;(d)为乙酸钠对奶牛乳腺上皮细胞乳脂肪合成转录调控相关基因表达水平的影响。数据均以"平均值 ± 标准差"表示,实验重复 5 次。小写字母不同表示差异显著($P < 0.05$);小写字母相同表示差异不显著($P > 0.05$)。

3.2.1.3　乙酸钠对奶牛乳腺上皮细胞乳脂肪合成转录调控因子蛋白表达的影响

用 12 mmol/L 的乙酸钠处理乳腺上皮细胞 48 h,提取总蛋白,采用 Western blotting 检测细胞乳脂肪合成转录调控因子的蛋白表达情况,并对相应蛋白条带进行灰度扫描。结果表明:与对照组相比,12 mmol/L 的乙酸钠能显著提高奶牛乳腺上皮细胞乳脂肪合成转录调控因子 PPARγ、PPARGC1α、SREBP1、INSIG1、SCAP 的蛋白表达水平($P < 0.05$),如图 3 – 4 所示。

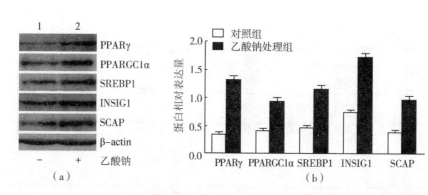

（a）　　　　　　　　　　（b）

图 3 - 4　乙酸钠对奶牛乳腺上皮细胞乳脂肪合成转录调控因子蛋白表达的影响

注：（a）为奶牛乳腺上皮细胞乳脂肪合成转录调控因子蛋白 Western blotting 检测结果，其中 1 为对照组，2 为乙酸钠处理组，β - actin 为内参蛋白；（b）为奶牛乳腺上皮细胞乳脂肪合成转录调控因子蛋白的相对表达量。数据均以"平均值 ± 标准差"表示，实验重复 5 次。小写字母不同表示差异显著（$P < 0.05$）。

3.2.1.4　乙酸钠对奶牛乳腺上皮细胞乳脂肪合成关键酶活力的影响

以 12 mmol/L 的乙酸钠处理乳腺上皮细胞 48 h，分别用 GPAT、AGPAT6、DGAT1 酶活力检测试剂盒检测乙酸钠对乳脂肪合成关键酶活力的影响。结果表明：与对照组相比，12 mmol/L 的乙酸钠能显著提高奶牛乳腺上皮细胞乳脂肪合成关键酶 GPAT、AGPAT6、DGAT1 的活力（$P < 0.05$），如图 3 - 5 所示。

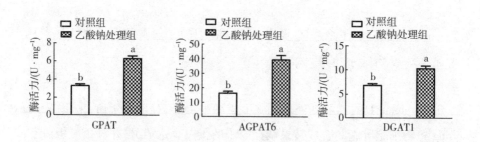

图 3 - 5　乙酸钠对奶牛乳腺上皮细胞乳脂肪合成关键酶活力的影响

注：数据均以"平均值 ± 标准差"表示，实验重复 5 次。小写字母不同表示差异显著（$P < 0.05$）。

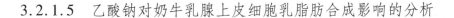

3.2.1.5　乙酸钠对奶牛乳腺上皮细胞乳脂肪合成影响的分析

短链脂肪酸在体内和体外有多种作用,包括调控炎症,改变碳水化合物及脂类代谢,调控细胞增殖及分化,影响胰腺内分泌,以及作为反刍动物乳脂肪合成的前体物等。乙酸是乳腺合成乳脂肪的主要前体物,也是反刍动物的主要供能前体物。有研究表明,通过向阴部外动脉灌注乙酸提高奶山羊乳腺动脉中的乙酸含量,是提高乳中乳脂肪含量的有效途径和改善乳品质的重要方法。孙满吉等人的研究结果表明,在基础日粮条件下向奶山羊阴部外动脉灌注乙酸钠能使乳脂肪率提高 8%～11.7%,而其他乳成分的含量变化不明显。Maxin 等人的研究结果表明,向奶牛瘤胃灌注乙酸能改变乳脂肪成分,并使乳脂肪率提高 6.5%。白鸽等人的研究结果表明,一定浓度的乳脂肪合成前体物(乙酸和 β - 羟丁酸)能影响奶牛肝细胞脂肪酸代谢关键酶基因的表达,进而影响乳脂肪合成。Yonezawa 等人向牛乳腺上皮细胞培养基中添加短链脂肪酸,发现乙酸盐能提高 *PPARγ2* 和解偶联蛋白 2 基因(*UCP2*)的 mRNA 表达水平,并显著降低瘦素的 mRNA 表达水平。以往的研究结果表明,外源补充乙酸对奶牛乳脂肪合成有一定的影响,但其具体分子机制尚不明确。本书实验以不同浓度的乙酸钠作用于奶牛乳腺上皮细胞,检测其对细胞活力、增殖能力、TAG 合成能力的影响,发现较低浓度(2～16 mmol/L)的乙酸钠对乳腺上皮细胞的生长、增殖无抑制作用,而较高浓度的乙酸钠对乳腺上皮细胞有一定的毒性作用,且以 12 mmol/L 的乙酸钠作用的奶牛乳腺上皮细胞合成的 TAG 最多,所以确定添加 12 mmol/L 的乙酸钠,研究乙酸钠对奶牛乳腺上皮细胞乳脂肪合成的影响。本书实验结果表明,乙酸钠能显著提高脂肪酸转运相关基因 *FABP3* 和短链脂肪酸活化相关基因 *ACSS2* 的 mRNA 表达水平,显著降低脂肪酸摄取相关基因 *CD36* 的 mRNA 表达水平,但对长链脂肪酸活化相关基因 *ACSL1* 的表达水平无显著影响。我们推测:短链脂肪酸盐乙酸钠可能通过降低 *CD36* 的 mRNA 表达水平影响乳腺上皮细胞对长链脂肪酸的摄取,但其对长链脂肪酸的胞内转运有促进作用;短链脂肪酸盐乙酸钠可能作为 *ACSS2* 的底物促进 *ACSS2* 表达,但其对长链脂肪酸的活化作用无显著影响。这与以往相关学者的研究结果基本一致。齐利枝等人用乙酸钠处理奶牛乳腺上皮细胞,发现细胞活力与乙酸钠浓度存在一定的剂量依赖效应,并且一定浓度的乙酸钠能降低 *CD36* 的 mRNA 表达水平,提高 *FABP3* 的 mRNA 表达水平。本书实验结果表明,乙酸钠能显著促进脂肪酸从头合成相关基因 *ACC*、*FAS* 及脂肪酸去饱和相关基因 *SCD* 的表达,由此我们认为作为 *ACC* 底物的乙酸钠显著促进 *ACC*、*FAS* 基因的表达,促进脂肪酸的从头合成应是它的正常机理。本书实验结果表明,乙酸钠能显著促进长链脂肪酸的去饱和作用。齐利枝等人还发现,乙酸能促进奶牛乳腺上皮细胞内脂滴的形成、TAG 的累积,以及瘦素和 *PPARγ* 基因的表达。孙超等人的研究表明,乙酸钠能促进前体脂肪细胞的分化,而且可显著提高 *PPARγ2*、*C/EBPα* 的 mRNA 表达水平。我们的研究结果也表明,乙酸钠能提高 TAG 合成关键酶 GPAT、AGPAT6、DGAT1 的活力,以及乳脂肪合成转录调控因子 PPARγ、PPARGC1α、SREBP1、INSIG1、SCAP 的蛋白表达水平。这些结果表明,12 mmol/L 的乙酸钠显著促进乳腺上皮细胞 TAG 的合成,这与乙酸钠诱导乳脂肪合成转录调控因子大量表达,以及使 TAG 合成相关基因表达水平和 TAG 合成相关酶活力升高有关。

3.2.2　β-羟丁酸钠对乳腺上皮细胞乳脂肪合成的影响

3.2.2.1　β-羟丁酸钠对奶牛乳腺上皮细胞细胞活力、增殖能力、TAG 合成能力的影响

分别向奶牛乳腺上皮细胞中添加 0.00 mmol/L、0.25 mmol/L、0.50 mmol/L、0.75 mmol/L、1.00 mmol/L、1.25 mmol/L、1.50 mmol/L、1.75 mmol/L 的 β-羟丁酸钠,每个浓度设置 5 个平行试样,培养 48 h,检测细胞活力和增殖能力。结果表明:当 β-羟丁酸钠的浓度为 0.25～1.25 mmol/L 时,各处理组的细胞活力和增殖能力与对照组相比无显著差异($P > 0.05$),如图 3-6(a)、(b)所示;添加 1.50 mmol/L、1.75 mmol/L 的 β-羟丁酸钠时,各处理组的细胞活力和增殖能力与对照组相比显著降低($P < 0.05$)。根据实验结果,本书选择对细胞生长、增殖无抑制作用的 β-羟丁酸钠浓度(0.00～1.25 mmol/L),从而筛选 β-羟丁酸钠促进 TAG 合成的最佳浓度,结果如图 3-6(c)所示,即添加 1.00 mmol/L 的 β-羟丁酸钠时,细胞培养液中 TAG 的含量最高($P < 0.05$)。

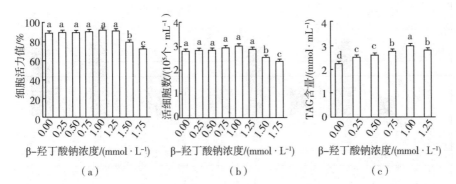

图 3-6　β-羟丁酸钠对奶牛乳腺上皮细胞细胞活力、增殖能力、TAG
合成能力的影响

注:(a)为 β-羟丁酸钠对奶牛乳腺上皮细胞细胞活力的影响;(b)为 β-羟丁酸钠对奶牛乳腺上皮细胞增殖能力的影响;(c)为 β-羟丁酸钠对奶牛乳腺上皮细胞 TAG 合成能力的影响。数据均以"平均值±标准差"表示,实验重复 5 次。小写字母不同表示差异显著($P <0.05$);小写字母相同表示差异不显著($P >0.05$)。

3.2.2.2　β-羟丁酸钠对奶牛乳腺上皮细胞乳脂肪合成相关基因表达的影响

参照 β-羟丁酸钠对细胞活力、增殖能力、TAG 合成能力的影响,用 1.00 mmol/L 的 β-羟丁酸钠处理乳腺上皮细胞48 h,提取总 RNA,采用qRT-PCR 分析乳脂肪合成相关基因的 mRNA 表达情况。结果表明:与对照组相比,1.00 mmol/L 的 β-羟丁酸钠能显著提高脂肪酸转运相关基因 FABP3 和脂肪酸活化相关基因 ACSS2 的 mRNA 表达水平($P <0.05$),显著降低脂肪酸摄取相关基因 CD36 的 mRNA 表达水平($P <0.05$),但对 ACSL1 的 mRNA 表达水平无显著影响($P >0.05$),如图 3-7(a)所示;1.00 mmol/L 的 β-羟丁酸钠能显著提高脂肪酸从头合成相关基因(ACC、FAS)、脂肪酸去饱和相关基因(SCD)、TAG 合成相关基因(GPAT、AGPAT6、DGAT1)的 mRNA 表达水平($P <0.05$),如图 3-7(b)、(c)所示;1.00 mmol/L 的 β-羟丁酸钠能显著提高乳脂肪合成转录调控相关基因 PPARγ、PPARGC1α、SREBP1、INSIG1、SCAP 的 mRNA 表达水平($P <0.05$),如图 3-7(d)所示。

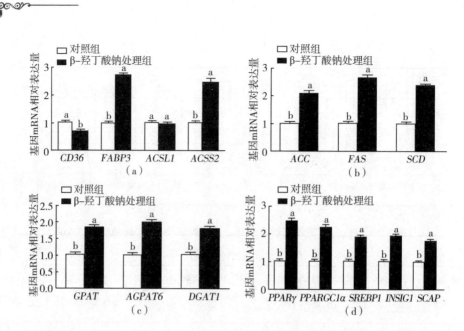

图3-7　β-羟丁酸钠对奶牛乳腺上皮细胞乳脂肪合成相关基因表达的影响

注:(a)为β-羟丁酸钠对奶牛乳腺上皮细胞脂肪酸摄取、活化、转运相关基因表达水平的影响;(b)为β-羟丁酸钠对奶牛乳腺上皮细胞脂肪酸从头合成、去饱和相关基因表达水平的影响;(c)为β-羟丁酸钠对奶牛乳腺上皮细胞TAG合成相关基因表达水平的影响;(d)为β-羟丁酸钠对奶牛乳腺上皮细胞乳脂肪合成转录调控相关基因表达水平的影响。数据均以"平均值±标准差"表示,实验重复5次。小写字母不同表示差异显著($P<0.05$);小写字母相同表示差异不显著($P>0.05$)。

3.2.2.3　β-羟丁酸钠对奶牛乳腺上皮细胞乳脂肪合成转录调控因子蛋白表达的影响

　　用1.00 mmol/L的β-羟丁酸钠处理乳腺上皮细胞48 h,提取总蛋白,采用Western blotting检测细胞乳脂肪合成转录调控因子的蛋白表达情况,并对相应蛋白条带进行灰度扫描。结果表明:与对照组相比,1.00 mmol/L的β-羟丁酸钠能显著提高奶牛乳腺上皮细胞乳脂肪合成转录调控因子 PPARγ、PPARGC1α、SREBP1、INSIG1、SCAP 的蛋白表达水平($P<0.05$),如图3-8所示。

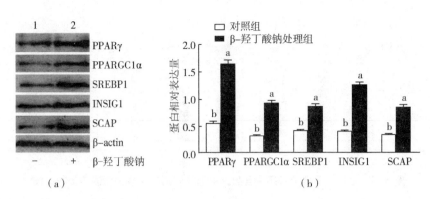

**图3-8 β-羟丁酸钠对奶牛乳腺上皮细胞乳脂肪
合成转录调控因子蛋白表达的影响**

注:(a)为奶牛乳腺上皮细胞乳脂肪合成转录调控因子蛋白 Western blotting 检测结果,其中1为对照组,2为β-羟丁酸钠处理组,β-actin 为内参蛋白;(b)为奶牛乳腺上皮细胞乳脂肪合成转录调控因子蛋白的相对表达量。数据均以"平均值±标准差"表示,实验重复5次。小写字母不同表示差异显著($P<0.05$)。

3.2.2.4 β-羟丁酸钠对奶牛乳腺上皮细胞乳脂肪合成关键酶活力的影响

用 1.00 mmol/L 的 β-羟丁酸钠处理乳腺上皮细胞 48 h,分别用 GPAT、AGPAT6、DGAT1 酶活力检测试剂盒检测 β-羟丁酸钠对乳脂肪合成关键酶活力的影响。结果表明:与对照组相比,1.00 mmol/L 的 β-羟丁酸钠能显著提高奶牛乳腺上皮细胞乳脂肪合成关键酶 GPAT、AGPAT6、DGAT1 的活力($P<0.05$),如图3-9所示。

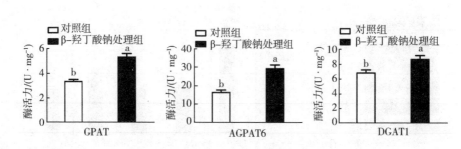

图 3-9　β-羟丁酸钠对奶牛乳腺上皮细胞乳脂肪合成关键酶活力的影响

注:数据均以"平均值 ± 标准差"表示,实验重复 5 次。小写字母不同表示差异显著($P < 0.05$)。

3.2.2.5　β-羟丁酸钠对奶牛乳腺上皮细胞乳脂肪合成影响的分析

由奶牛瘤胃发酵产生的丁酸可以经瘤胃上皮的作用转变为 β-羟丁酸,经血液运输到乳腺后可作为合成乳脂肪的前体物参与脂肪酸的从头合成。乳腺从头合成脂肪酸碳链的最初 4 个碳约有 1/2 来自 β-羟丁酸。

以往的研究结果表明,乙酸、β-羟丁酸可作为信号分子与其受体结合,在机体发挥一些生理功能,调控肝脏及脂肪组织的脂肪代谢。Pelletier 和 Coderre 发现,β-羟丁酸可减弱心肌细胞的分解、代谢作用,抑制脂解、代谢。Hosseini 等人通过体外实验证实,β-羟丁酸可抑制奶牛皮下脂肪组织分泌的重要脂解细胞因子脂连素及其受体的表达,间接抑制脂解、代谢。Metz 等人的研究发现,β-羟丁酸可抑制去甲基肾上腺素及茶碱诱导的奶牛皮下脂肪组织的脂解作用。这些研究结果表明,β-羟丁酸对脂肪代谢有一定的调控作用。然而,对于 β-羟丁酸对奶牛乳腺脂肪代谢的调控和相关分子机理的研究很少。本书向奶牛乳腺上皮细胞中添加不同浓度的 β-羟丁酸钠,检测其对细胞活力、增殖能力、TAG 合成能力的影响,发现较低浓度(0.25～1.25 mmol/L)的 β-羟丁酸钠对乳腺上皮细胞的生长、增殖无抑制作用,而 β-羟丁酸钠的浓度较高时会降低乳腺上皮细胞的活力。向奶牛乳腺上皮细胞中添加 1.00 mmol/L 的 β-羟丁酸钠时,细胞分泌的 TAG 最多,所以确定添加 1.00 mmol/L 的 β-羟丁酸钠,研究其对奶牛乳腺上皮细胞乳脂肪合成的影响。

有研究者发现,与乙酸钠对乳脂肪合成的影响相似,β-羟丁酸钠不能促进奶牛乳腺上皮细胞 CD36 和 ACSL1 的表达,但能显著提高 *FABP3* 和 *ACSS2* 的 mRNA 表达水平,即 β - 羟丁酸钠促进脂肪酸的胞内转运及短链脂肪酸的活化作用,而对长链脂肪酸的摄取及胞内活化作用没有显著影响。本书发现,β - 羟丁酸钠也能促进 ACC、FAS、SCD 的表达,这与孔庆洋等人的研究结果一致,表明外源添加乳脂肪从头合成前体物能促进奶牛乳腺上皮细胞脂肪酸的从头合成与去饱和作用,为乳脂肪合成提供中、短链脂肪酸及部分长链脂肪酸。此外,β - 羟丁酸钠处理的乳腺上皮细胞中 TAG 合成关键酶 GPAT、AGPAT6、DGAT1 的 mRNA 表达水平和酶活力显著升高;乳脂肪合成转录调控因子 PPARγ、PPARGC1α、SREBP1、INSIG1、SCAP 的 mRNA 表达水平和蛋白表达水平显著升高。这些结果说明,β - 羟丁酸钠能从分子水平调控乳脂肪合成相关基因的表达,进而影响奶牛乳腺上皮细胞脂肪酸和 TAG 的合成。

3.2.3 乙酸钠和 β - 羟丁酸钠协同作用对乳腺上皮细胞乳脂肪合成的影响

3.2.3.1 乙酸钠和 β - 羟丁酸钠协同作用对奶牛乳腺上皮细胞细胞活力、增殖能力、TAG 合成能力的影响

采用 8 mmol/L、12 mmol/L、16 mmol/L 的乙酸钠(分别为 A_1、A_2、A_3)和 0.75 mmol/L、1.00 mmol/L、1.25 mmol/L 的 β - 羟丁酸钠(分别为 B_1、B_2、B_3)正交组合添加到奶牛乳腺上皮细胞中,每个正交组合设置 5 个平行试样,培养 48 h,检测细胞活力和增殖能力,结果如图 3 - 10(a)、(b)所示:与对照组相比,9 个乙酸钠和 β - 羟丁酸钠共处理组的细胞活力与增殖能力均无显著差异($P >$ 0.05),表明这 9 个共处理组对细胞的生长、增殖无抑制作用。根据各共处理组乳腺上皮细胞培养液中 TAG 的含量筛选促进 TAG 合成的乙酸钠和 β - 羟丁酸钠的最佳浓度配比,结果如图 3 - 10(c)所示:当乙酸钠的浓度为 8 mmol/L、β - 羟丁酸钠的浓度为 1.00 mmol/L 时,乳腺上皮细胞合成和分泌的 TAG 最多($P < 0.05$)。

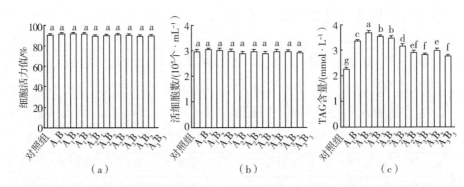

图 3 – 10 乙酸钠和 β – 羟丁酸钠协同作用对奶牛乳腺上皮细胞细胞活力、增殖能力、TAG 合成能力的影响

注：（a）为乙酸钠和 β – 羟丁酸钠协同作用对奶牛乳腺上皮细胞细胞活力的影响；（b）为乙酸钠和 β – 羟丁酸钠协同作用对奶牛乳腺上皮细胞增殖能力的影响；（c）为乙酸钠和 β – 羟丁酸钠协同作用对奶牛乳腺上皮细胞 TAG 合成能力的影响。数据均以"平均值 ± 标准差"表示，实验重复 5 次。小写字母不同表示差异显著（$P < 0.05$）；小写字母相同表示差异不显著（$P > 0.05$）。

3.2.3.2 乙酸钠和 β – 羟丁酸钠协同作用对奶牛乳腺上皮细胞乳脂肪合成相关基因表达的影响

参照乙酸钠和 β – 羟丁酸钠协同作用对细胞活力、增殖能力、TAG 合成能力的影响结果，用 8 mmol/L 的乙酸钠和 1.00 mmol/L 的 β – 羟丁酸钠共处理乳腺上皮细胞 48 h，提取总 RNA，采用 qRT – PCR 分析乳脂肪合成相关基因的 mRNA 表达情况。结果表明：与对照组相比，乙酸钠和 β – 羟丁酸钠协同作用显著提高脂肪酸摄取相关基因（*CD36*）、脂肪酸转运相关基因（*FABP3*）、脂肪酸活化相关基因（*ACSL1*、*ACSS2*）的 mRNA 表达水平（$P < 0.05$），如图 3 – 11（a）所示；乙酸钠和 β – 羟丁酸钠协同作用显著提高脂肪酸从头合成相关基因（*ACC*、*FAS*）、脂肪酸去饱和相关基因（*SCD*）、TAG 合成相关基因（*GPAT*、*AGPAT6* 和 *DGAT1*）的 mRNA 表达水平（$P < 0.05$），如图 3 – 11（b）、（c）所示；乙酸钠和 β – 羟丁酸钠协同作用能显著提高乳脂肪合成转录调控相关基因 *PPARγ*、*PPARGC1α*、*SREBP1*、*INSIG1*、*SCAP* 的 mRNA 表达水平（$P < 0.05$），如图 3 – 11（d）所示。

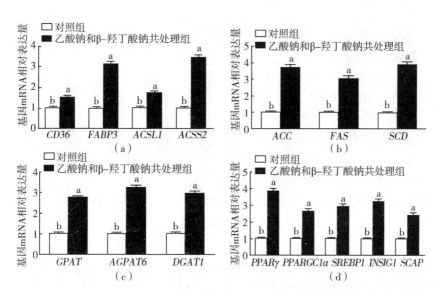

图 3 – 11　乙酸钠和 β – 羟丁酸钠协同作用对奶牛乳腺上皮细胞乳脂肪合成相关基因表达的影响

注:(a)为乙酸钠和 β – 羟丁酸钠协同作用对奶牛乳腺上皮细胞脂肪酸摄取、转运、活化相关基因表达水平的影响;(b)为乙酸钠和 β – 羟丁酸钠协同作用对奶牛乳腺上皮细胞脂肪酸从头合成、去饱和相关基因表达水平的影响;(c)为乙酸钠和 β – 羟丁酸钠协同作用对奶牛乳腺上皮细胞 TAG 合成相关基因表达水平的影响;(d)为乙酸钠和 β – 羟丁酸钠协同作用对奶牛乳腺上皮细胞乳脂肪合成转录调控相关基因表达水平的影响。数据均以"平均值 ± 标准差"表示,实验重复 5 次。小写字母不同表示差异显著($P < 0.05$)。

3.2.3.3　乙酸钠和 β – 羟丁酸钠协同作用对奶牛乳腺上皮细胞乳脂肪合成转录调控因子蛋白表达的影响

用 8 mmol/L 的乙酸钠和 1.00 mmol/L 的 β – 羟丁酸钠共处理乳腺上皮细胞 48 h,提取总蛋白,采用 Western blotting 检测细胞乳脂肪合成转录调控因子的蛋白表达情况,并对相应蛋白条带进行灰度扫描。结果表明:与对照组相比,乙酸钠和 β – 羟丁酸钠协同作用能显著提高奶牛乳腺上皮细胞乳脂肪合成转录调控因子 PPARγ、PPARGC1α、SREBP1、INSIG1、SCAP 的蛋白表达水平($P < 0.05$),如图 3 – 12 所示。

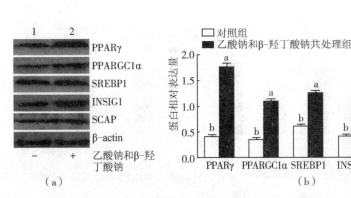

（a）

图 3 – 12　乙酸钠和 β – 羟丁酸钠协同作用对奶牛乳腺上皮细胞乳脂肪合成转录调控因子蛋白表达的影响

注：（a）为奶牛乳腺上皮细胞乳脂肪合成转录调控因子蛋白 Western blotting 检测结果，其中 1 为对照组，2 为乙酸钠和 β – 羟丁酸钠共处理组，β – actin 为内参蛋白；（b）为奶牛乳腺上皮细胞乳脂肪合成转录调控因子蛋白的相对表达量。数据均以"平均值 ± 标准差"表示，实验重复 5 次。小写字母不同表示差异显著（$P < 0.05$）。

3.2.3.4　乙酸钠和 β – 羟丁酸钠协同作用对奶牛乳腺上皮细胞乳脂肪合成关键酶活力的影响

用 8 mmol/L 的乙酸钠和 1.00 mmol/L 的 β – 羟丁酸钠共处理乳腺上皮细胞 48 h，分别用 GPAT、AGPAT6、DGAT1 酶活力检测试剂盒检测乙酸钠和 β – 羟丁酸钠协同作用对乳脂肪合成关键酶活力的影响。结果表明：与对照组相比，乙酸钠和 β – 羟丁酸钠协同作用能显著提高奶牛乳腺上皮细胞乳脂肪合成关键酶 GPAT、AGPAT6、DGAT1 的活力（$P < 0.05$），如图 3 – 13 所示。

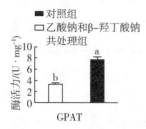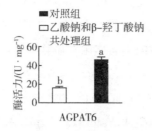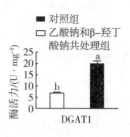

图 3-13　乙酸钠和 β-羟丁酸钠协同作用对奶牛乳腺上皮细胞

乳脂肪合成关键酶活力的影响

注:数据均以"平均值 ± 标准差"表示,实验重复 5 次。小写字母不同表示差异显著 ($P < 0.05$)。

3.2.3.5　乙酸钠和 β-羟丁酸钠协同作用对奶牛乳腺上皮细胞 乳脂肪合成影响的分析

乳腺是各乳成分合成与分泌的场所,乳腺从血液中选择性地摄取乳成分合成前体物,并在乳腺上皮细胞中合成乳蛋白、乳脂肪和乳糖。乳成分合成前体物的含量和组成直接影响乳腺内乳蛋白、乳脂肪等乳成分的合成,进而影响乳品质。有研究表明,乳腺在对乳蛋白合成前体物、乳糖合成前体物、乳脂肪合成前体物的摄取及利用和乳成分合成方面可能存在理想平衡模式。乙酸和 β-羟丁酸是奶牛乳腺脂肪酸从头合成的主要前体物,由瘤胃中的碳水化合物发酵后产生,然后经瘤胃壁吸收进入血液,再由乳腺细胞从血液中摄取作为脂肪酸合成的原料。奶牛合成乳脂肪需要的几乎所有的短链、中链脂肪酸(C4~C16,占乳脂肪中脂肪酸的 40%~50%)在乳腺上皮细胞中由内源乙酸和 β-羟丁酸从头合成。然而,乳脂肪合成前体物乙酸钠和 β-羟丁酸钠的组成与配比是否存在理想平衡模式,以及二者的协同作用对乳脂肪合成的影响尚不清楚。本书从细胞水平、分子水平研究乙酸钠和 β-羟丁酸钠协同作用对奶牛乳腺上皮细胞乳脂肪合成相关基因表达、关键酶活力、转录调控因子蛋白表达的影响。本书采用 8 mmol/L、12 mmol/L、16 mmol/L 的乙酸钠和 0.75 mmol/L、1.00 mmol/L、1.25 mmol/L 的 β-羟丁酸钠正交组合处理奶牛乳腺上皮细胞,发现 9 个乙酸钠和 β-羟丁酸钠共处理组对乳腺上皮细胞的生长、增殖均无抑制作用,而且当8 mmol/L的乙酸钠和1.00 mmol/L的β－羟丁酸钠协同作用时,乳腺上皮细胞合成和分泌的TAG最多。本书还发现,8 mmol/L的乙酸钠和1.00 mmol/L的β－羟丁酸钠协同作用能显著促进奶牛乳腺上皮细胞脂肪酸摄取、转运、活化相关基因(*CD36*、*FABP3*、*ACSL1*和*ACSS2*),以及脂肪酸从头合成、去饱和相关基因(*ACC*、*FAS*、*SCD*)的mRNA表达,二者协同作用能显著提高TAG合成相关基因*GPAT*、*AGPAT6*、*DGAT1*的mRNA表达水平及酶活力,也能显著提高乳脂肪合成转录调控因子PPARγ、PPARGC1α、SREBP1、INSIG1、SCAP的mRNA表达水平及蛋白表达水平。这些结果表明,奶牛乳腺上皮细胞乳脂肪合成前体物乙酸钠和β－羟丁酸钠的协同添加存在一定的平衡模式,而且最佳配比组合的乙酸钠和β－羟丁酸钠能显著促进奶牛乳腺上皮细胞乳脂肪合成相关基因及转录调控因子的mRNA表达、蛋白表达,并显著提高TAG合成关键酶的mRNA表达水平及活力。所以,乙酸钠和β－羟丁酸钠协同作用能显著促进奶牛乳腺上皮细胞乳脂肪的合成。

3.2.4 软脂酸对乳腺上皮细胞乳脂肪合成的影响

3.2.4.1 软脂酸对奶牛乳腺上皮细胞细胞活力、增殖能力、TAG合成能力的影响

分别向奶牛乳腺上皮细胞中添加0 μmol/L、75 μmol/L、100 μmol/L、125 μmol/L、150 μmol/L、175 μmol/L、200 μmol/L、250 μmol/L的软脂酸,每个浓度设置5个平行试样,培养48 h,检测细胞活力和增殖能力,结果如图3－14(a)、(b)所示:当软脂酸的浓度为75～175 μmol/L时,各处理组的细胞活力和增殖能力与对照组相比无显著差异($P > 0.05$);添加200 μmol/L、250 μmol/L的软脂酸时,各处理组的细胞活力和增殖能力与对照组相比显著降低($P < 0.05$)。根据实验结果,本书选择对细胞生长、增殖无抑制作用的软脂酸浓度(0～175 μmol/L),从而筛选软脂酸促进TAG合成的最佳浓度,结果如图3－14(c)所示:添加150 μmol/L的软脂酸时,细胞培养液中TAG的含量最高($P < 0.05$)。

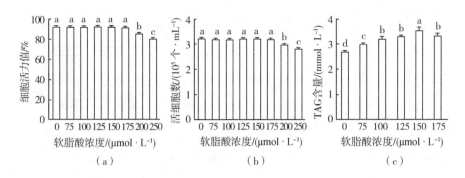

图 3 – 14　软脂酸对奶牛乳腺上皮细胞细胞活力、增殖能力、TAG 合成能力的影响

注:(a)为软脂酸对奶牛乳腺上皮细胞细胞活力的影响;(b)为软脂酸对奶牛乳腺上皮细胞增殖能力的影响;(c)为软脂酸对奶牛乳腺上皮细胞 TAG 合成能力的影响。数据均以"平均值 ± 标准差"表示,实验重复 5 次。小写字母不同表示差异显著($P < 0.05$);小写字母相同表示差异不显著($P > 0.05$)。

3.2.4.2　软脂酸对奶牛乳腺上皮细胞乳脂肪合成相关基因表达的影响

参照软脂酸对细胞活力、增殖能力、TAG 合成能力的影响,用 150 μmol/L 的软脂酸处理乳腺上皮细胞 48 h,提取总 RNA,采用 qRT – PCR 分析乳脂肪合成相关基因的 mRNA 表达情况。结果表明:与对照组相比,150 μmol/L 的软脂酸能显著提高脂肪酸摄取、转运、活化相关基因(*CD36*、*FABP3*、*ACSL1* 和 *ACSS2*)的 mRNA 表达水平($P < 0.05$),如图 3 – 15(a)所示;150 μmol/L 的软脂酸能显著提高脂肪酸去饱和基因 *SCD* 的 mRNA 表达水平($P < 0.05$),但对脂肪酸从头合成基因 *ACC* 和 *FAS* 的 mRNA 表达水平没有显著影响($P > 0.05$),如图 3 – 15(b)所示;150 μmol/L 的软脂酸能显著提高 TAG 合成相关基因 *GPAT*、*AGPAT6* 和 *DGAT1* 的 mRNA 表达水平($P < 0.05$),如图 3 – 15(c)所示;150 μmol/L的软脂酸能显著提高乳脂肪合成转录调控相关基因 *PPARγ*、*PPARGC1α*、*SREBP1*、*INSIG1* 和 *SCAP* 的 mRNA 表达水平($P < 0.05$),如图 3 – 15(d)所示。

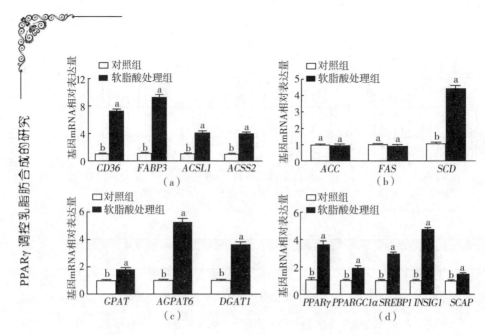

图 3-15　软脂酸对奶牛乳腺上皮细胞乳脂肪合成相关基因表达的影响

注:(a)为脂酸对奶牛乳腺上皮细胞脂肪酸摄取、转运、活化相关基因表达水平的影响;(b)为软脂酸对奶牛乳腺上皮细胞脂肪酸从头合成、去饱和相关基因表达水平的影响;(c)为软脂酸对奶牛乳腺上皮细胞 TAG 合成相关基因表达水平的影响;(d)为软脂酸对奶牛乳腺上皮细胞乳脂肪合成转录调控相关基因表达水平的影响。数据均以"平均值 ± 标准差"表示,实验重复 5 次。小写字母不同表示差异显著($P < 0.05$);小写字母相同表示差异不显著($P > 0.05$)。

3.2.4.3　软脂酸对奶牛乳腺上皮细胞乳脂肪合成转录调控因子蛋白表达的影响

用 150 μmol/L 的软脂酸处理乳腺上皮细胞 48 h,提取总蛋白,采用 Western blotting 检测细胞乳脂肪合成转录调控因子蛋白的表达情况,并对蛋白条带进行灰度扫描。结果表明:与对照组相比,150 μmol/L 的软脂酸能显著提高奶牛乳腺上皮细胞乳脂肪合成转录调控因子 PPARγ、PPARGC1α、SREBP1、INSIG1、SCAP 的蛋白表达水平($P < 0.05$),如图 3-16 所示。

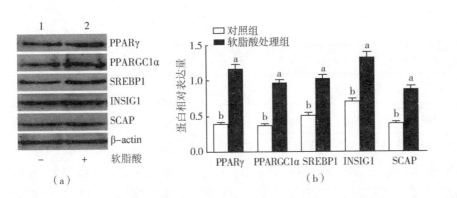

图 3 – 16 软脂酸对奶牛乳腺上皮细胞乳脂肪合成转录调控因子蛋白表达的影响

注:(a)为奶牛乳腺上皮细胞乳脂肪合成转录调控因子蛋白 Western blotting 检测结果,其中 1 为对照组,2 为软脂酸处理组,β – actin 为内参蛋白;(b)为奶牛乳腺上皮细胞乳脂肪合成转录调控因子蛋白的相对表达量。数据均以"平均值 ± 标准差"表示,实验重复 5 次。小写字母不同表示差异显著($P < 0.05$)。

3.2.4.4 软脂酸对奶牛乳腺上皮细胞乳脂肪合成关键酶活力的影响

用 150 μmol/L 的软脂酸处理乳腺上皮细胞 48 h,分别用 GPAT、AGPAT6、DGAT1 酶活力检测试剂盒检测软脂酸对乳脂肪合成关键酶活力的影响。结果表明:与对照组相比,软脂酸能显著提高奶牛乳腺上皮细胞乳脂肪合成关键酶 GPAT、AGPAT6、DGAT1 的活力($P < 0.05$),如图 3 – 17 所示。

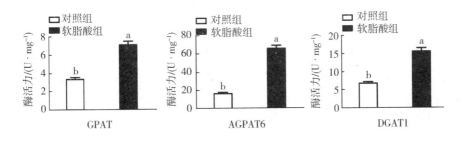

图 3 – 17 软脂酸对奶牛乳腺上皮细胞乳脂肪合成关键酶活力的影响

注:数据均以"平均值 ± 标准差"表示,实验重复 5 次。小写字母不同表示差异显著($P < 0.05$)。

3.2.4.5 软脂酸对奶牛乳腺上皮细胞乳脂肪合成影响的分析

软脂酸又称棕榈酸,是一种饱和十六碳脂肪酸,是脂肪酸从头合成途径中产生的第一个脂肪酸,由它也可以产生更长的脂肪酸。作为乳腺组织摄取的一种重要营养素,脂肪酸对乳腺上皮细胞的生长、增殖有一定的作用。王红芳发现,添加 150 μmol/L 以上的 trans-10、cis-12 CLA 能显著抑制牛乳腺上皮细胞的生长。本书向奶牛乳腺上皮细胞中添加不同浓度的软脂酸,检测其对细胞活力、增殖能力的影响,发现外源添加较高浓度(200 μmol/L、250 μmol/L)的软脂酸对体外培养奶牛乳腺上皮细胞的生长、增殖有抑制作用。相关学者对其他细胞的研究也证明,高浓度的软脂酸能降低细胞活性,诱导细胞凋亡。因此,本书选择对奶牛乳腺上皮细胞生长、增殖无抑制作用的软脂酸浓度范围,发现外源添加一定浓度的软脂酸能增加细胞培养基中 TAG 的含量,而且当软脂酸的浓度为 150 μmol/L 时,奶牛乳腺上皮细胞分泌的 TAG 最多。陈馥等人采用甘油三酯酶法发现,0.1 mmol/L 的软脂酸能诱导成熟 3T3-L1 细胞内 TAG 的累积。Yonezawa 等人证明,向奶牛乳腺上皮细胞中添加长链脂肪酸能够促进其 TAG 的合成。Kadegowda 等人对脂滴进行油红 O 染色,发现 16:0 能增加奶牛乳腺上皮细胞质中 TAG 的含量。

有研究表明,长链脂肪酸能改变奶牛乳腺上皮细胞脂肪酸从头合成相关基因、乳脂肪合成相关基因的 mRNA 表达。饱和长链脂肪酸会增加奶牛乳腺上皮细胞中 *FABP3* 的 mRNA 丰度,不饱和长链脂肪酸一般会降低 *FABP3* 的 mRNA 丰度,一定浓度的软脂酸能使奶牛乳腺上皮细胞 *CD36* 的表达水平显著升高。本书用 150 μmol/L 的软脂酸作用于奶牛乳腺上皮细胞,发现 150 μmol/L 的软脂酸能显著促进乳腺上皮细胞 *CD36*、*FABP3* 的 mRNA 表达,并能显著提高脂肪酸活化基因 *ACSL1* 和 *ACSS2* 的 mRNA 表达水平。这些结果表明:软脂酸能促进奶牛乳腺上皮细胞对长链脂肪酸的摄取和转运,并能促进细胞内长链脂肪酸、短链脂肪酸的活化,为 TAG 的合成提供原料。

ACC 和 FAS 是奶牛乳腺上皮细胞脂肪酸从头合成的关键酶。Kadegowda 等人认为,16:0 是乳腺细胞从头合成脂肪酸的主要产物,在正常的泌乳过程中对于乳脂肪的合成发挥前馈作用。本书发现,150 μmol/L 的软脂酸处理的乳腺

上皮细胞 *ACC* 和 *FAS* 的 mRNA 表达水平有所降低,但差异不显著,且软脂酸能显著提高 *SCD* 的 mRNA 表达水平。由此推测,软脂酸作为脂肪酸从头合成途径产生的第一个脂肪酸,可能会抑制短链脂肪酸的从头合成,促进 SCD 对长链饱和脂肪酸的去饱和作用。

本书发现,150 μmol/L 的软脂酸能提高奶牛乳腺上皮细胞 TAG 合成相关酶 AGPAT6、DGAT1、GPAT 的 mRNA 表达水平和酶活力。Kadegowda 等人发现,向奶牛乳腺上皮细胞中添加 16:0、18:0 饱和长链脂肪酸均能促进 TAG 的合成,并对 TAG 合成相关基因的表达有一定的促进作用。本书实验结果与以往相关学者的研究结果基本一致,因此我们推测软脂酸促进奶牛乳腺上皮细胞 TAG 的合成可能与其能提高 TAG 合成关键酶基因的转录水平有关。

有研究表明,软脂酸对 PPARγ 和 SREBP1 的表达均有促进作用,但差异不显著。本书发现,软脂酸能显著提高乳脂肪合成转录调控因子 SREBP1、PPARγ、INSIG1、SCAP、PPARGC1α 的 mRNA 表达水平和蛋白表达水平,我们推测软脂酸可能通过促进 SREBP1 和 PPARγ 的表达调控乳脂肪代谢相关基因的转录,增加乳腺上皮细胞 TAG 的合成。本书实验结果表明,在奶牛乳腺乳脂肪合成过程中,软脂酸既可作为乳脂肪合成前体物,也可作为信号分子影响乳腺上皮细胞乳脂肪合成相关基因的表达。

3.2.5　硬脂酸对乳腺上皮细胞乳脂肪合成的影响

3.2.5.1　硬脂酸对奶牛乳腺上皮细胞细胞活力、增殖能力、TAG合成能力的影响

分别向奶牛乳腺上皮细胞中添加 0 μmol/L、75 μmol/L、100 μmol/L、125 μmol/L、150 μmol/L、175 μmol/L、200 μmol/L、225 μmol/L 的硬脂酸,每个浓度设置 5 个平行试样,培养 48 h,检测细胞活力和增殖能力,结果如图 3 – 18 (a)、(b)所示:当硬脂酸的浓度为 75 ~ 175 μmol/L 时,各处理组的细胞活力和增殖能力与对照组相比无显著差异($P > 0.05$);添加 200 μmol/L、225 μmol/L 的硬脂酸时,各处理组的细胞活力和增殖能力与对照组相比显著降低($P <$

0.05)。根据实验结果,本书选择添加对细胞生长、增殖无抑制作用的硬脂酸浓度(0～175 μmol/L),从而筛选促进 TAG 合成的最佳硬脂酸浓度,结果如图3－18(c)所示:添加浓度为 125 μmol/L 的硬脂酸时,细胞培养液中 TAG 的含量最高($P < 0.05$)。

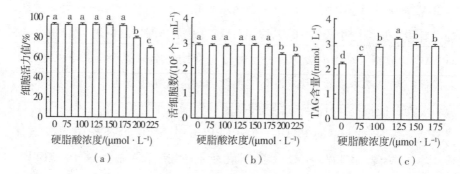

(a)　　　　　　　　　(b)　　　　　　　　　(c)

图 3－18　硬脂酸对奶牛乳腺上皮细胞细胞活力、增殖能力和 TAG 合成能力的影响

注:(a)为硬脂酸对奶牛乳腺上皮细胞细胞活力的影响;(b)为硬脂酸对奶牛乳腺上皮细胞增殖能力的影响;(c)为硬脂酸对奶牛乳腺上皮细胞 TAG 合成能力的影响。数据均以"平均值±标准差"表示,实验重复 5 次。小写字母不同表示差异显著($P < 0.05$);小写字母相同表示差异不显著($P > 0.05$)。

3.2.5.2　硬脂酸对奶牛乳腺上皮细胞乳脂肪合成相关基因表达的影响

参照硬脂酸对细胞活力、增殖能力、TAG 合成能力的影响,用 125 μmol/L 的硬脂酸处理乳腺上皮细胞 48 h,提取总 RNA,采用 qRT－PCR 分析乳脂肪合成相关基因的 mRNA 表达情况。结果表明:与对照组相比,125 μmol/L 的硬脂酸能显著提高脂肪酸摄取、转运、活化相关基因(*CD36*、*FABP3*、*ACSL1* 和 *ACSS2*)的 mRNA 表达水平($P < 0.05$),如图 3－19(a)所示;125 μmol/L 的硬脂酸能显著提高脂肪酸去饱和相关基因 *SCD* 的 mRNA 表达水平($P < 0.05$),但能显著降低脂肪酸从头合成相关基因 *ACC* 和 *FAS* 的 mRNA 表达水平($P < 0.05$),如图 3－19(b)所示;125 μmol/L 的硬脂酸能显著提高 TAG 合成相关基因

GPAT、*AGPAT6*、*DGAT1* 的 mRNA 表达水平（$P < 0.05$），如图 3 – 19（c）所示；125 μmol/L 的硬脂酸能显著提高乳脂肪合成转录调控相关基因 *PPARγ*、*PPARGC1α*、*SREBP1*、*INSIG1*、*SCAP* 的 mRNA 表达水平（$P < 0.05$），如图 3 – 19（d）所示。

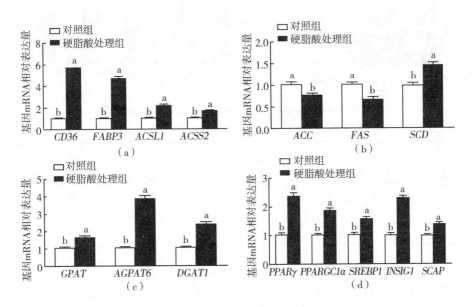

图 3 – 19　硬脂酸对奶牛乳腺上皮细胞乳脂肪合成相关基因表达的影响

注：（a）为硬脂酸对奶牛乳腺上皮细胞脂肪酸摄取、转运、活化相关基因表达水平的影响；（b）为硬脂酸对奶牛乳腺上皮细胞脂肪酸从头合成、去饱和相关基因表达水平的影响；（c）为硬脂酸对奶牛乳腺上皮细胞 TAG 合成相关基因表达水平的影响；（d）为硬脂酸对奶牛乳腺上皮细胞乳脂肪合成转录调控相关基因表达水平的影响。数据均以"平均值 ± 标准差"表示，实验重复 5 次。小写字母不同表示差异显著（$P < 0.05$）。

3.2.5.3　硬脂酸对奶牛乳腺上皮细胞乳脂肪合成转录调控因子蛋白表达的影响

用 125 μmol/L 的硬脂酸处理乳腺上皮细胞 48 h，提取总蛋白，采用 Western blotting 检测细胞乳脂肪合成转录调控因子的蛋白表达情况，并对相应蛋白条带进行灰度扫描。结果表明：与对照组相比，125 μmol/L 的硬脂酸能显著提高奶牛乳腺上皮细胞乳脂肪合成转录调控因子 PPARγ、PPARGC1α、SREBP1、

INSIG1、SCAP 的蛋白表达水平($P < 0.05$),如图 3 – 20 所示。

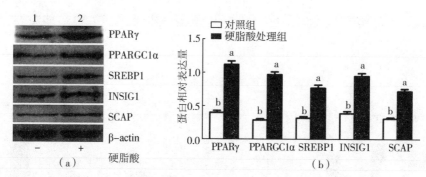

图 3 – 20　硬脂酸对奶牛乳腺上皮细胞乳脂肪合成转录调控因子蛋白表达的影响

注:(a)为奶牛乳腺上皮细胞乳脂肪合成转录调控因子蛋白 Western blotting 检测结果,其中 1 为对照组,2 为硬脂酸处理组,β – actin 为内参蛋白;(b)为奶牛乳腺上皮细胞乳脂肪合成转录调控因子蛋白的相对表达量。数据均以"平均值 ± 标准差"表示,实验重复 5 次。小写字母不同表示差异显著($P < 0.05$)。

3.2.5.4　硬脂酸对奶牛乳腺上皮细胞乳脂肪合成关键酶活力的影响

用 125 μmol/L 的硬脂酸处理乳腺上皮细胞 48 h,分别用 GPAT、AGPAT6、DGAT1 酶活力检测试剂盒检测硬脂酸对乳脂肪合成关键酶活力的影响。结果表明:与对照组相比,硬脂酸能显著提高奶牛乳腺上皮细胞乳脂肪合成关键酶 GPAT、AGPAT6、DGAT1 的活力($P < 0.05$),如图 3 – 21 所示。

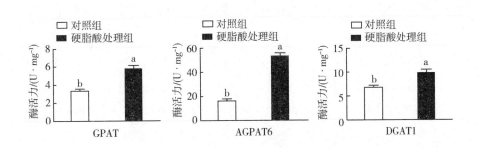

图 3 – 21　硬脂酸对奶牛乳腺上皮细胞乳脂肪合成关键酶活力的影响

注:数据均以"平均值 ± 标准差"表示,实验重复 5 次。小写字母不同表示差异显著($P < 0.05$)。

3.2.5.5　硬脂酸对奶牛乳腺上皮细胞乳脂肪合成影响的分析

硬脂酸是奶牛乳腺合成乳脂肪时从血液中摄取的一种常见的饱和长链脂肪酸。本书检测了不同浓度的硬脂酸对奶牛乳腺上皮细胞细胞活力和增殖能力的影响,发现较高浓度(200 μmol/L、225 μmol/L)的硬脂酸对体外培养的奶牛乳腺上皮细胞有一定的毒性作用。崔瑞莲采用 MTT 法也证实,较高浓度(200 μmol/L、400 μmol/L)的硬脂酸、油酸、亚油酸和亚麻酸能抑制奶牛乳腺上皮细胞的增殖,并推测较高浓度的十八碳脂肪酸对奶牛乳腺上皮细胞增殖的抑制可能是由于其改变了细胞核受体 PPAR 的转录水平。本书发现,0 ~ 125 μmol/L 的硬脂酸能促进奶牛乳腺上皮细胞 TAG 的合成,且用 125 μmol/L 的硬脂酸作用于奶牛乳腺上皮细胞时,其分泌的 TAG 最多,因此后续的实验选择添加 125 μmol/L 的硬脂酸,研究其对奶牛乳腺上皮细胞乳脂肪合成的影响。

有研究表明:一定浓度的 18:0、*cis* – 9 18:1 和 *cis* – 9,12 18:2 脂肪酸能显著提高奶牛乳腺上皮细胞 *CD36* 的转录水平;100 μmol/L 的 18:0 脂肪酸能显著提高奶牛乳腺上皮细胞 *ACSL1* 的 mRNA 表达水平。本书实验结果表明,与对照组相比,125 μmol/L 的硬脂酸能使脂肪酸摄取蛋白基因 *CD36*、脂肪酸转运蛋白基因 *FABP3* 的 mRNA 表达水平显著升高。这进一步说明,CD36 和 FABP3 在奶牛乳腺上皮细胞对长链脂肪酸的摄取、转运过程中发挥重要作用。本书还发现,作为长链脂肪酸的硬脂酸也能显著促进长链脂酰辅酶 A 合成酶 ACSL1 及短链脂酰辅酶 A 合成酶 ACSS2 的基因表达,说明硬脂酸对脂肪酸的活化也有促进作用。

Peterson 等人发现,向奶牛乳腺上皮细胞中添加 75 μmol/L 的 $trans-10$、$cis-12$ CLA 会抑制 ACC、FAS 和 SCD 的基因表达,但 $cis-9$、$trans-11$ CLA 和 18∶0 脂肪酸对这些基因表达没有显著影响。崔瑞莲发现,向奶牛乳腺上皮细胞中添加不同的十八碳脂肪酸能抑制 ACC 和 FAS 的基因表达。本书发现,125 μmol/L 的硬脂酸能显著促进脂肪酸去饱和酶 SCD 的基因表达,显著抑制脂肪酸从头合成关键酶 ACC、FAS 的基因表达。这与已有的研究结果基本一致,表明长链饱和脂肪酸对细胞中短链脂肪酸的从头合成有一定的抑制作用。

$0\sim100$ μmol/L 的 18∶0、$cis-9$ 18∶1、$cis-9,12$ 18∶2 和 $cis-9,12,15$ 18∶3 十八碳脂肪酸能显著或极显著地增加奶牛乳腺上皮细胞培养基中 TAG 的含量。Kadegowda 等人发现,18∶0、$trans-10$、$cis-12$ CLA 能增加奶牛乳腺上皮细胞中 TAG 的含量。AGPAT6、DGAT1 和 GPAT 是乳腺参与脂肪合成的关键酶。本书发现,125 μmol/L 的硬脂酸能显著提高奶牛乳腺上皮细胞脂肪合成关键酶 AGPAT6、DGAT1 和 GPAT 的基因表达水平和酶活力,这与其能显著促进奶牛乳腺上皮细胞中 TAG 的合成有直接关系。

孙超等人发现,硬脂酸钠能促进前体脂肪细胞的分化,同时能显著促进 $PPARγ2$ 的 mRNA 表达。硬脂酸也能显著促进奶牛乳腺上皮细胞 $PPARγ$ 和 $PPARGC1α$ 的基因表达。本书还发现,硬脂酸能显著促进乳脂肪合成转录调控因子 SREBP1、PPARγ、INSIG1、SCAP、PPARGC1α 的 mRNA 表达和蛋白表达。这说明,作为长链饱和脂肪酸的硬脂酸,可能通过调控乳脂肪合成的关键转录因子促进奶牛乳腺上皮细胞乳脂肪的合成。

3.3 脂肪酸对乳脂肪合成相关基因表达的调控作用

随着对奶牛乳腺内乳脂肪研究的增多,人们对乳脂肪合成、代谢机制的了解逐渐深入。在奶牛乳脂肪的合成、代谢过程中,多种基因及蛋白发挥生物学作用。在 MFD 过程中,一些脂肪合成基因(如 ACC、FAS、SCD)表现出协调的抑制作用,因此研究者们认为乳脂肪合成的调控可能被一个共同的调控点控制。

以往的大部分研究集中于转录调控因子 SREBP1 和 Spot14 是否对脂肪合成的调控有潜在作用。然而,转录调控因子 SREBP1 和 Spot14 能独立地参与乳脂肪合成的调控,长链脂肪酸不能直接和它们相互作用。在奶牛(反刍动物)泌乳前期和整个泌乳过程中,其乳腺组织中的 PPARγ 和几个潜在目标基因的 mRNA 表达水平同时升高,表明这个核受体对乳脂肪合成有调控作用。PPARγ 是一种依赖配体的核转录因子,配体和 PPARγ 的配体结合域连接能使受体的构象发生改变。一旦 PPARγ 被激活,它就会与 RXR 形成异二聚体复合物,然后连接到目标基因上游的 PPRE 元件,进而激活目的基因转录。对于非反刍动物,大多数长链脂肪酸和特殊的多不饱和脂肪酸是 PPARγ 的天然配体,它们能与 PPARγ 结合,引起基因表达的改变和脂肪生成。长链脂肪酸是非反刍动物 PPARγ 的有效激活剂,因此我们推断,长链脂肪酸可能也是乳腺脂肪代谢的潜在调控物。本书向奶牛乳腺上皮细胞体外添加软脂酸和硬脂酸,发现一定浓度的软脂酸和硬脂酸能促进 TAG 合成,以及转录因子 PPARγ 的基因表达和蛋白表达,而且能显著促进大多数乳脂肪合成相关基因(包括转录调控因子 SREBP1 基因)的表达。这可能是由于软脂酸和硬脂酸进入细胞核作为核受体 PPARγ 的天然配体而活化 PPARγ,进而潜在地调控下游乳脂肪合成相关基因及其他转录调控因子基因的表达。我们的研究结果进一步表明,乳腺可借助外源或内源合成的长链脂肪酸配体激活 PPARγ,进而通过 PPARγ 信号途径介导调控乳脂肪的合成。

作为信号分子的脂肪酸还可以通过特定膜受体介导,启动细胞内信号通路,从而发挥生物学作用。Brown 等人发现,GPR41 和 GPR43 作为短链脂肪酸的 G - 蛋白偶联的细胞表面受体发挥作用。Yonezawa 等人采用 RT - PCR 检测到,牛乳腺上皮细胞和不同泌乳阶段的牛乳腺表达 GPR41、GPR43(bGPR41、bGPR43)的 mRNA,而且短链脂肪酸能激活这些细胞中 bGPR41 和 bGPR43 相关的第二信使信号通路,因此 bGPR41 和 bGPR43 在乳腺中发挥重要作用。Alex 等人的研究表明,短链脂肪酸能反式激活并连接 PPARγ,进而调控人结肠组织的基因表达。本书用短链脂肪酸盐乙酸钠、β - 羟丁酸钠及二者的混合物处理奶牛乳腺上皮细胞,发现短链脂肪酸的作用效果也是明显的,即它们也能显著促进奶牛乳腺上皮细胞合成、分泌 TAG,诱导 PPARγ 的 mRNA 表达和蛋白表达,还能显著提高 SREBP1 及大多数乳脂肪合成相关基因的表达水平,但乙酸钠、β - 羟丁酸钠是否直接作为 PPARγ 核受体的配体或者通过其他信号途径间接作用于 PPARγ 而调控乳脂肪的合成,有待进一步研究。

总之,本书分别向奶牛乳腺上皮细胞中添加乳脂肪合成前体物乙酸钠、β-羟丁酸钠、软脂酸和硬脂酸,发现它们能促进 TAG 合成,诱导乳腺上皮细胞中大多数脂肪酸摄取、转运、活化相关蛋白基因以及脂肪酸从头合成、去饱和酶基因的 mRNA 表达,提高 TAG 合成酶基因表达水平及酶活力,促进乳脂肪合成转录调控因子的基因表达和蛋白表达。本书发现,乳脂肪合成前体物脂肪酸可能通过 PPARγ 的上游信号分子促进 PPARγ 表达,并可作为 PPARγ 的配体直接活化 PPARγ,或者作用于其他信号分子而间接激活 PPARγ,进而促进奶牛乳腺上皮细胞乳脂肪的合成。

第4章 乳脂肪合成前体物对 *PPARγ* 基因沉默、*PPARγ* 基因过表达乳腺上皮细胞乳脂肪合成的影响

RNA 干扰技术通过反义 RNA 生成双链 RNA,特异性地抑制靶基因。该技术通过人为地引入与靶基因具有相反序列的 RNA,诱导内源靶基因的 mRNA 降解,从而达到阻止基因表达的目的。这是一种基因沉默技术。基因过表达技术将目的基因转入细胞中,观察细胞生物学行为的变化,从而分析该基因的功能。本书同时运用基因沉默技术和基因过表达技术,研究 *PPARγ* 基因调控奶牛乳腺上皮细胞泌乳的机制。

PPARγ 属于细胞核激素受体超家族成员。PPARγ 已经被证实能直接调控人、鼠脂肪细胞的增殖和分化。从妊娠期到泌乳期,奶牛 PPARγ 的表达水平明显升高,说明 PPARγ 对调控乳脂肪合成发挥潜在的作用。传统的研究主要通过消化代谢、生长实验等方法获得动物所需的营养物质量,而从基因表达水平层面反映动物所需的营养物质量的研究很少。乳腺是乳脂肪合成与分泌的重要场所。乳腺选择性地从血液中摄取乳脂肪合成前体物,随后在乳腺腺泡的分泌细胞中合成乳脂肪。乳脂肪合成前体物在乳腺中的代谢过程包括:脂肪酸的从头合成、从循环血液中摄取脂肪酸、通过去饱和作用合成 TAG。以往的研究表明,乳脂肪合成前体物的含量和成分直接影响乳腺乳脂肪合成。本书采用细胞免疫荧光法对乳腺上皮细胞 PPARγ 进行定位研究;运用基因沉默技术和基因过表达技术干预乳脂肪合成关键转录因子 *PPARγ* 表达,分析其对乳脂肪合成的调控机制;分析 *PPARγ* 表达发生改变的乳腺上皮细胞对脂肪酸的需求量的变化,并分析 *PPARγ* 表达发生改变的乳腺上皮细胞乳脂肪合成相关基因表达的变化,从而深入分析转录因子 PPARγ 与乳脂肪合成前体物互作对奶牛乳腺上皮细胞乳脂肪合成的影响。

4.1 乳脂肪合成关键转录调控因子 PPARγ 的定位

采用细胞免疫荧光法,用激光共聚焦显微镜检测奶牛上皮细胞中转录调控因子 PPARγ 的定位情况,其中 PPARγ 被染成绿色,细胞核经 PI 染色后呈红色。检测结果表明:PPARγ 在奶牛乳腺上皮细胞的细胞核和细胞质中都有分布,而且主要在细胞核中表达,仅少量在细胞质中表达。本书认为,由于 PPARγ 是乳脂肪合成的转录调控因子,属于细胞核激素受体超家族成员,负责调控涉及不同脂肪代谢途径的基因的转录,因此 PPARγ 应该主要存在于细胞核中并发挥其生物学功能。

4.2　乳腺上皮细胞中 *PPARγ* siRNA 干扰

4.2.1　沉默效率

由相关企业根据 Genbank 数据库中的牛 *PPARγ* mRNA 序列合成本书实验所需的 *PPARγ* 的 siRNA。

siRNA oligo 在 5′端带 FAM 荧光标记,siRNA oligo 被脂质体 2000(转染试剂)转入奶牛乳腺上皮细胞发挥沉默作用后,会显示出绿色荧光。通过倒置相差显微镜,用蓝光激发绿光,观察绿色荧光强度,可以看到满视野的绿色荧光信号,如图 4 −1 中灰色部分所示。观察时随机选择 10 个视野,分别记录视野中的总细胞数和呈现绿色荧光信号的细胞数,再通过计算得出呈现绿色荧光信号的细胞数占总细胞数的比例,即可得出 RNA 沉默效率。结果表明,各视野中的 RNA 沉默效率为 85%~95%。

图 4 −1　*PPARγ* 基因沉默

4.2.2　siRNA 干扰分组

在前文中我们发现,添加乙酸钠、β − 羟丁酸钠、软脂酸和硬脂酸都能使奶牛乳腺上皮细胞乳脂肪合成转录调控因子基因 *PPARγ* 的表达水平显著升高，故在后续的实验中，我们通过向 *PPARγ* 基因沉默及 *PPARγ* 过表达的奶牛乳腺上皮细胞中添加各种脂肪酸，检测 *PPARγ* 表达发生变化的奶牛乳腺上皮细胞对各种脂肪酸需要量的变化，以及脂肪酸对 *PPARγ* 基因沉默及 *PPARγ* 过表达的奶牛乳腺上皮细胞中乳脂肪合成相关基因、关键酶、转录因子表达的影响，从而使奶牛乳腺上皮细胞乳脂肪合成与其对营养物质的需要量建立在更科学、合理的分子机制基础之上。*PPARγ* siRNA 干扰实验分组如下。

（1）空白对照组、non - silencing siRNA 组（非沉默性 siRNA 组，阴性对照组）、siRNA - *PPARγ* 组（*PPARγ* 干扰组）、空白对照 + 不同浓度乙酸钠组（乙酸钠组）、阴性对照 + 乙酸钠组、siRNA - *PPARγ*（*PPARγ* 干扰）+ 乙酸钠组。

（2）空白对照组、阴性对照组、*PPARγ* 干扰组、β - 羟丁酸钠组、阴性对照 + β - 羟丁酸钠组、*PPARγ* 干扰 + β - 羟丁酸钠组。

（3）空白对照组、阴性对照组、*PPARγ* 干扰组、乙酸钠 + β - 羟丁酸钠组、阴性对照 + 乙酸钠 + β - 羟丁酸钠组、*PPARγ* 干扰 + 乙酸钠 + β - 羟丁酸钠组。

（4）空白对照组、阴性对照组、*PPARγ* 干扰组、软脂酸组、阴性对照 + 软脂酸组、*PPARγ* 干扰 + 软脂酸组。

（5）空白对照组、阴性对照组、*PPARγ* 干扰组、硬脂酸组、阴性对照 + 硬脂酸组、*PPARγ* 干扰 + 硬脂酸组。

4.3　乳腺上皮细胞中 *PPARγ* 基因过表达

4.3.1　*PPARγ* 的 PCR 扩增结果及重组质粒 pGCMV - IRES - EGFP - *PPARγ* 的酶切验证

提取牛乳腺组织的总 RNA，反转录成 cDNA，通过 *Taq* 酶扩增 *PPARγ* 基因，扩增结果如图 4 - 2(a)所示：在 1 815 bp 处有 1 个明显的 DNA 扩增条带，与预计的牛 *PPARγ* 基因大小一致。将纯化的 *PPARγ* 与 pMD18 - T(2 692 bp)连接，转化、扩增后得到阳性重组子 pMD18 - T - *PPARγ*。重组子 pMD18 - T - *PPARγ*

经 *EcoR* I 和 *Xho* I 双酶切后得到清晰的 2 个条带,分别为 *PPARγ* 基因和 pMD18 – T,在预期的位置出现明显的条带,如图 4 – 2(b)所示,说明重组质粒 pMD18 – T – PPARγ 构建成功。将经 PCR 扩增和双酶切验证的阳性重组子外送测序,将测序结果与 Genbank 数据库中的牛 *PPARγ* 序列进行比对,结果显示阳性重组子的氨基酸无突变,两者的同源性达 100%。将已获得的 1 815 bp 的目的基因进行酶切,连入质粒 pGCMV – IRES – EGFP(5 300 bp),得到真核表达载体 pGCMV – IRES – EGFP – PPARγ。pGCMV – IRES – EGFP – PPARγ 经 *EcoR* I 和 *Xho* I 双酶切后得到清晰的 2 个条带,分别为 *PPARγ* 基因和 pGCMV – IRES – EGFP,在预期的位置出现明显的条带,如图 4 – 2(c)所示,说明重组质粒 pGCMV – IRES – EGFP – PPARγ 构建成功。

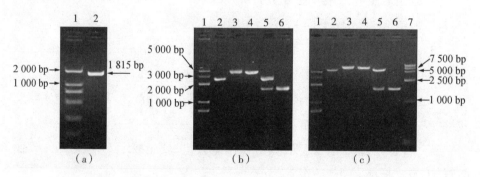

图 4 – 2　重组质粒 pGCMV – IRES – EGFP – PPARγ 的构建

注:(a)为 *PPARγ* 基因的 PCR 扩增结果,其中 1 为 DL2000 DNA Marker,2 为 PCR 产物;(b)为 pMD18 – T – PPARγ 的酶切验证,其中 1 为 DL5000 DNA Marker,2 为 pMD18 – T 空载体,3 为重组质粒 pMD18 – T – PPARγ,4 为重组质粒 pMD18 – T – PPARγ 单酶切产物,5 为重组质粒 pMD18 – T – PPARγ 双酶切产物,6 为重组质粒 pMD18 – T – PPARγ PCR 产物;(c)为 pGCMV – IRES – EGFP – PPARγ 的酶切验证,其中 1 为 DL5000 DNA Marker,2 为 pGCMV – IRES – EGFP 空载体,3 为 pGCMV – IRES – EGFP – PPARγ 重组质粒,4 为 pGCMV – IRES – EGFP – PPARγ 重组质粒单酶切产物,5 为 pGCMV – IRES – EGFP – PPARγ 重组质粒双酶切产物,6 为 pGCMV – IRES – EGFP – PPARγ 重组质粒 PCR 产物,7 为 DL15000 DNA Marker。

4.3.2 *PPARγ* 过表达率

由于真核表达载体 pGCMV – IRES – EGFP 带有绿色荧光蛋白,因此转染后在倒置相差显微镜的蓝光激发下,可观察到带有绿色荧光的奶牛乳腺上皮细胞。体外培养的奶牛乳腺上皮细胞转染真核表达载体 pGCMV – IRES – EGFP – PPARγ,通过实验优化质粒 DNA 与脂质体 2000 的比例,发现 6 孔板中质粒 DNA 的含量为 2.0 μg,质粒 DNA 与脂质体 2000 的比例为 3:1 时,转染效果较好。图 4 – 3 为转染 24 h 后的观察结果,可以体现 *PPARγ* 基因过表达率,其中灰色及白色部分为带有绿色荧光的奶牛乳腺上皮细胞。

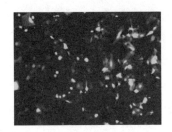

图 4 – 3 *PPARγ* 基因过表达率(×400)

4.3.3 *PPARγ* 基因过表达分组

(1)非转染组、pGCMV – IRES – EGFP 空载体组、pGCMV – IRES – EGFP – PPARγ 组(*PPARγ* 过表达组)、非转染 + 不同浓度乙酸钠组(乙酸钠组)、pGCMV – IRES – EGFP + 乙酸钠组、pGCMV – IRES – EGFP – PPARγ(*PPARγ* 过表达) + 乙酸钠组。

(2)非转染组、pGCMV – IRES – EGFP 空载体组、*PPARγ* 过表达组、β – 羟丁酸钠组、pGCMV – IRES – EGFP + β – 羟丁酸钠组、*PPARγ* 过表达 + β – 羟丁酸钠组。

(3)非转染组、pGCMV – IRES – EGFP 空载体组、*PPARγ* 过表达组、乙酸钠 + β – 羟丁酸钠组、pGCMV – IRES – EGFP + 乙酸钠 + β – 羟丁酸钠组、*PPARγ* 过表达 + 乙酸钠 + β – 羟丁酸钠组。

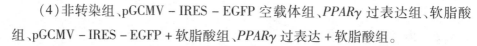

（4）非转染组、pGCMV – IRES – EGFP 空载体组、*PPARγ* 过表达组、软脂酸组、pGCMV – IRES – EGFP + 软脂酸组、*PPARγ* 过表达 + 软脂酸组。

（5）非转染组、pGCMV – IRES – EGFP 空载体组、*PPARγ* 过表达组、硬脂酸组、pGCMV – IRES – EGFP + 硬脂酸组、*PPARγ* 过表达 + 硬脂酸组。

4.4　乙酸钠对 *PPARγ* 基因沉默和 *PPARγ* 基因过表达乳腺上皮细胞乳脂肪合成的影响

4.4.1　乙酸钠对 *PPARγ* 基因沉默乳腺上皮细胞乳脂肪合成的影响

4.4.1.1　细胞培养液中 TAG 含量

分别向空白对照组、阴性对照组和 *PPARγ* 干扰组中添加不同浓度的乙酸钠，每个处理设置 5 个平行试样，在 *PPARγ* siRNA oligo 转染奶牛乳腺上皮细胞 48 h 后，检测各处理组细胞培养液中的 TAG 含量，结果如图 4 – 4 所示：添加 12 mmol/L 乙酸钠的空白对照组及阴性对照组的 TAG 含量显著大于其他浓度乙酸钠处理的空白对照组及阴性对照组（$P < 0.05$）；添加不同浓度乙酸钠的 *PPARγ* 干扰组的 TAG 含量均小于相应的空白对照组及阴性对照组（$P < 0.05$）；添加 16 mmol/L 乙酸钠的 *PPARγ* 干扰组的 TAG 含量大于其他浓度乙酸钠处理的 *PPARγ* 干扰组（$P < 0.05$）。所以，我们在后续实验中选择添加 16 mmol/L 的乙酸钠，研究其对 *PPARγ* 基因沉默奶牛乳腺上皮细胞乳脂肪合成的影响。

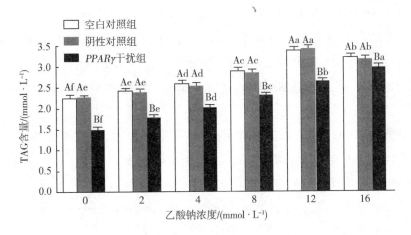

**图 4 - 4　不同浓度的乙酸钠对 *PPARγ* 基因沉默奶牛乳腺上皮细胞培养液中
TAG 含量的影响**

注:数据均以"平均值 ± 标准差"表示,实验重复 5 次。由不同浓度的乙酸钠处理的同一实验组用小写字母标注,小写字母不同表示差异显著($P < 0.05$),小写字母相同表示差异不显著($P > 0.05$);由同一浓度的乙酸钠处理的不同实验组用大写字母标注,大写字母不同表示差异显著($P < 0.05$),大写字母相同表示差异不显著($P > 0.05$)。

4.4.1.2　最佳浓度的乙酸钠对 *PPARγ* 基因沉默奶牛乳腺上皮细胞乳脂肪合成相关基因表达的影响

PPARγ siRNA oligo 转染 48 h 后,采用 qRT - PCR 检测奶牛乳腺上皮细胞相关基因的表达情况,如图 4 - 5 所示。

如图 4 - 5(a)所示:与空白对照组和阴性对照组相比,乙酸钠组、阴性对照 + 乙酸钠组 *FABP3*、*ACSL1*、*ACSS2* 的 mRNA 表达水平显著升高($P < 0.05$),但 *CD36* 的 mRNA 表达水平显著降低($P < 0.05$);与空白对照组和阴性对照组相比,*PPARγ* 干扰组 *CD36*、*FABP3*、*ACSL1* 的 mRNA 表达水平显著降低($P < 0.05$);与乙酸钠组和阴性对照 + 乙酸钠组相比,*PPARγ* 干扰 + 乙酸钠组 *CD36*、*FABP3*、*ACSL1* 的 mRNA 表达水平也显著降低($P < 0.05$);与 *PPARγ* 干扰组相比,*PPARγ* 干扰 + 乙酸钠组 *FABP3*、*ACSL1* 的 mRNA 表达水平显著升高($P < 0.05$),而 *CD36* 的 mRNA 表达水平无显著变化($P > 0.05$);空白对照组、阴性对

照组和 *PPARγ* 干扰组 *ACSS2* 的 mRNA 表达水平无显著差异($P > 0.05$),且乙酸钠组、阴性对照 + 乙酸钠组和 *PPARγ* 干扰 + 乙酸钠组 *ACSS2* 的 mRNA 表达水平也无显著差异($P > 0.05$);与 *PPARγ* 组相比,乙酸钠组、阴性对照 + 乙酸钠组和 *PPARγ* 干扰 + 乙酸钠组 *ACSS2* 的 mRNA 表达水平均显著升高($P < 0.05$)。

如图 4 – 5(b)所示,与空白对照组和阴性对照组相比,乙酸钠组、阴性对照 + 乙酸钠组 *ACC*、*FAS*、*SCD* 的 mRNA 表达水平显著升高($P < 0.05$);与空白对照组和阴性对照组相比,*PPARγ* 干扰组 *ACC*、*FAS*、*SCD* 的 mRNA 表达水平显著降低($P < 0.05$);与乙酸钠组和阴性对照 + 乙酸钠组相比,*PPARγ* 干扰 + 乙酸钠组 *ACC*、*FAS*、*SCD* 的 mRNA 表达水平显著降低($P < 0.05$);与 *PPARγ* 干扰组相比,*PPARγ* 干扰 + 乙酸钠组 *ACC*、*FAS*、*SCD* 的 mRNA 表达水平显著升高($P < 0.05$)。

如图 4 – 5(c)所示,与空白对照组和阴性对照组相比,乙酸钠组、阴性对照 + 乙酸钠组 *GPAT*、*AGPAT6*、*DGAT1* 的 mRNA 表达水平显著升高($P < 0.05$);与空白对照组和阴性对照组相比,*PPARγ* 干扰组 *GPAT*、*AGPAT6*、*DGAT1* 的 mRNA 表达水平显著降低($P < 0.05$);与乙酸钠组和阴性对照 + 乙酸钠组相比,*PPARγ* 干扰 + 乙酸钠组 *GPAT*、*AGPAT6*、*DGAT1* 的 mRNA 表达水平显著降低($P < 0.05$);与 *PPARγ* 干扰组相比,*PPARγ* 干扰 + 乙酸钠组 *GPAT*、*AGPAT6*、*DGAT1* 的 mRNA 表达水平显著升高($P < 0.05$)。

如图 4 – 5(d)所示,与空白对照组和阴性对照组相比,乙酸钠组、阴性对照 + 乙酸钠组 *PPARγ*、*PPARGC1α*、*SREBP1*、*INSIG1*、*SCAP* 的 mRNA 表达水平显著升高($P < 0.05$);与空白对照组和阴性对照组相比,*PPARγ* 干扰组 *PPARγ*、*PPARGC1α*、*SREBP1*、*INSIG1*、*SCAP* 的 mRNA 表达水平显著降低($P < 0.05$);与乙酸钠组和阴性对照 + 乙酸钠组相比,*PPARγ* 干扰 + 乙酸钠组 *PPARγ*、*PPARGC1α*、*SREBP1*、*INSIG1*、*SCAP* 的 mRNA 表达水平显著降低($P < 0.05$);与 *PPARγ* 干扰组相比,*PPARγ* 干扰 + 乙酸钠组 *PPARγ*、*PPARGC1α*、*SREBP1*、*INSIG1*、*SCAP* 的 mRNA 表达水平显著升高($P < 0.05$)。

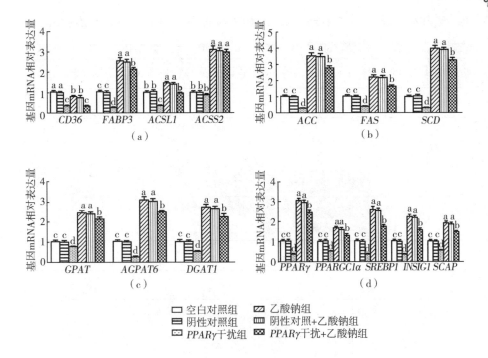

图 4 - 5　乙酸钠对 *PPARγ* 基因沉默奶牛乳腺上皮细胞乳脂肪合成

相关基因表达的影响

注：（a）为乙酸钠对 *PPARγ* 基因沉默奶牛乳腺上皮细胞脂肪酸摄取、转运、活化相关基因表达水平的影响；（b）为乙酸钠对 *PPARγ* 基因沉默奶牛乳腺上皮细胞脂肪酸从头合成、去饱和相关基因表达水平的影响；（c）为乙酸钠对 *PPARγ* 基因沉默奶牛乳腺上皮细胞 TAG 合成相关基因表达水平的影响；（d）为乙酸钠对 *PPARγ* 基因沉默奶牛乳腺上皮细胞乳脂肪合成转录调控相关基因表达水平的影响。数据均以"平均值 ± 标准差"表示，实验重复 5 次。小写字母不同表示差异显著（*P* < 0.05）；小写字母相同表示差异不显著（*P* > 0.05）。

4.4.1.3　最佳浓度的乙酸钠对 *PPARγ* 基因沉默奶牛乳腺上皮细胞乳脂肪合成转录调控因子蛋白表达的影响

PPARγ siRNA oligo 转染 48 h 后，提取总蛋白，采用 Western blotting 检测奶牛乳腺上皮细胞乳脂肪合成转录调控因子的蛋白表达情况，结果如图 4 - 6 所示：与空白对照组和阴性对照组相比，乙酸钠组和阴性对照 + 乙酸钠组 PPARγ、SREBP1 的蛋白表达水平显著升高（*P* < 0.05）；与空白对照组和阴性对照组相比，*PPARγ* 干扰组 PPARγ、SREBP1 的蛋白表达水平显著降低（*P* < 0.05）；与乙

酸钠组和阴性对照＋乙酸钠组相比，*PPAR*γ 干扰＋乙酸钠组 PPARγ、SREBP1 的蛋白表达水平显著降低（$P<0.05$）；与 *PPAR*γ 干扰组相比，*PPAR*γ 干扰＋乙酸钠组 PPARγ、SREBP1 的蛋白表达水平显著升高（$P<0.05$）。

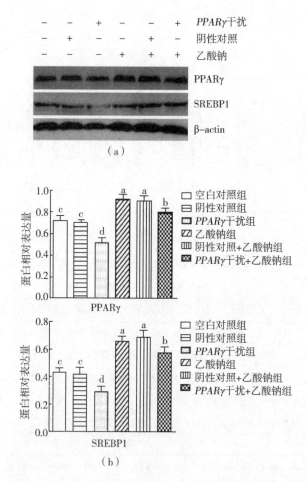

图4－6　乙酸钠对 *PPAR*γ 基因沉默奶牛乳腺上皮细胞乳脂肪合成转录调控因子
蛋白表达的影响

注：（a）为奶牛乳腺上皮细胞乳脂肪合成转录调控因子 Western blotting 检测结果，β－actin 为内参蛋白；（b）为奶牛乳腺上皮细胞乳脂肪合成转录调控因子蛋白相对表达量。数据均以"平均值±标准差"表示，实验重复 5 次。小写字母不同表示差异显著（$P<0.05$）；小写字母相同表示差异不显著（$P>0.05$）。

4.4.1.4　最佳浓度的乙酸钠对 *PPARγ* 基因沉默奶牛乳腺上皮细胞乳脂肪合成关键酶活力的影响

　　PPARγ siRNA oligo 转染 48 h 后,分别用 GPAT、AGPAT6、DGAT1 酶活力检测试剂盒检测奶牛乳腺上皮细胞乳脂肪合成关键酶的活力,结果如图 4 – 7 所示:与空白对照组和阴性对照组相比,乙酸钠组、阴性对照 + 乙酸钠组 GPAT、AGPAT6、DGAT1 的酶活力显著增大($P < 0.05$);与空白对照组和阴性对照组相比,*PPARγ* 干扰组、GPAT、AGPAT6、DGAT1 的酶活力显著减小($P < 0.05$);与乙酸钠组和阴性对照 + 乙酸钠组相比,*PPARγ* 干扰 + 乙酸钠组 GPAT、AGPAT6、DGAT1 的酶活力显著减小($P < 0.05$);与 *PPARγ* 干扰组相比,*PPARγ* 干扰 + 乙酸钠组 GPAT、AGPAT6、DGAT1 的酶活力显著增大($P < 0.05$)。

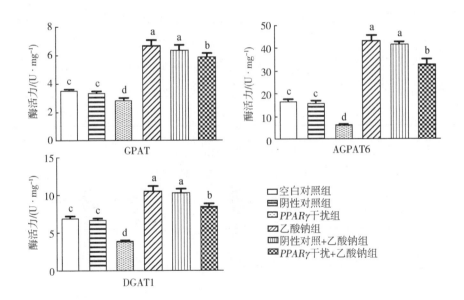

图 4 – 7　乙酸钠对 *PPARγ* 基因沉默奶牛乳腺上皮细胞乳脂肪合成关键酶活力的影响

　　注:数据均以"平均值 ± 标准差"表示,实验重复 5 次。小写字母不同表示差异显著($P < 0.05$);小写字母相同表示差异不显著($P > 0.05$)。

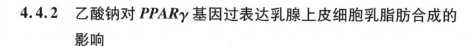
4.4.2 乙酸钠对 *PPARγ* 基因过表达乳腺上皮细胞乳脂肪合成的影响

4.4.2.1 细胞培养液中 TAG 含量

分别向非转染组、pGCMV – IRES – EGFP 空载体组和 *PPARγ* 过表达组中添加不同浓度的乙酸钠,每个处理设置 5 个平行试样,将奶牛乳腺上皮细胞培养 48 h 后,检测各组细胞培养液中的 TAG 含量,结果如图4 – 8 所示:添加 12 mmol/L 乙酸钠的非转染组、pGCMV – IRES – EGFP 空载体组的 TAG 含量大于其他浓度乙酸钠处理的非转染组及 pGCMV – IRES – EGFP 空载体组($P <$ 0.05);添加不同浓度乙酸钠的 *PPARγ* 过表达组的 TAG 含量均大于相应的非转染组和 pGCMV – IRES – EGFP 空载体组($P < 0.05$);添加 8 mmol/L 乙酸钠的 *PPARγ* 过表达组的 TAG 含量大于其他浓度乙酸钠处理的 *PPARγ* 过表达组($P < 0.05$)。所以,我们在后续实验中选择添加 8 mmol/L 的乙酸钠,研究其对 *PPARγ* 基因过表达奶牛乳腺上皮细胞乳脂肪合成的影响。

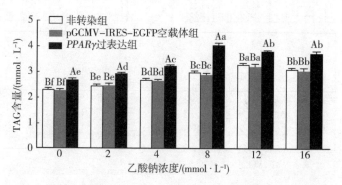

图 4 – 8　不同浓度的乙酸钠对 *PPARγ* 基因过表达奶牛乳腺上皮细胞培养液中 TAG 含量的影响

注:数据均以"平均值±标准差"表示,实验重复 5 次。由不同浓度的乙酸钠处理的同一实验组用小写字母标注,小写字母不同表示差异显著($P < 0.05$),小写字母相同表示差异不显著($P > 0.05$);由同一浓度的乙酸钠处理的不同实验组用大写字母标注,大写字母不同表示差异显著($P < 0.05$),大写字母相同表示差异不显著($P > 0.05$)。

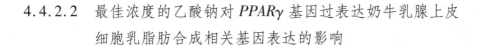

4.4.2.2 最佳浓度的乙酸钠对 *PPARγ* 基因过表达奶牛乳腺上皮细胞乳脂肪合成相关基因表达的影响

pGCMV – IRES – EGFP – PPARγ 转染 48 h 后,采用 qRT – PCR 检测奶牛乳腺上皮细胞相关基因的表达情况,如图 4 – 9 所示。

如图 4 – 9(a)所示:与非转染组和 pGCMV – IRES – EGFP 空载体组相比,乙酸钠组、pGCMV – IRES – EGFP + 乙酸钠组 *FABP3*、*ACSL1*、*ACSS2* 的 mRNA 表达水平显著升高($P < 0.05$),但 *CD36* 的 mRNA 表达水平显著降低($P < 0.05$);与非转染组和 pGCMV – IRES – EGFP 空载体组相比,*PPARγ* 过表达组 *CD36*、*FABP3*、*ACSL1* 的 mRNA 表达水平显著升高($P < 0.05$),但 *ACSS2* 的 mRNA 表达水平差异不显著($P > 0.05$);与乙酸钠组和 pGCMV – IRES – EGFP + 乙酸钠组相比,*PPARγ* 过表达 + 乙酸钠组 *CD36*、*FABP3*、*ACSL1*、*ACSS2* 的 mRNA 表达水平显著升高($P < 0.05$);与 *PPARγ* 过表达组相比,*PPARγ* 过表达 + 乙酸钠组 *FABP3*、*ACSL1*、*ACSS2* 的 mRNA 表达水平显著升高($P < 0.05$),而 *CD36* 的 mRNA 表达水平显著降低($P > 0.05$)。

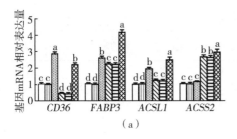

（a）

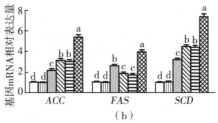

（b）

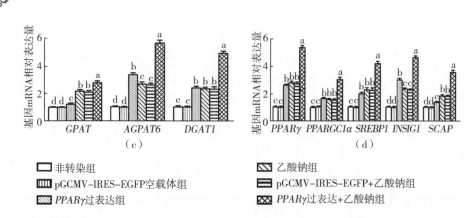

图 4 – 9　乙酸钠对 *PPAR*γ 基因过表达奶牛乳腺上皮细胞乳脂肪合成

相关基因表达的影响

注：(a)为乙酸钠对 *PPAR*γ 基因过表达奶牛乳腺上皮细胞脂肪酸摄取、转运、活化相关基因表达水平的影响；(b)为乙酸钠对 *PPAR*γ 基因过表达奶牛乳腺上皮细胞脂肪酸从头合成、去饱和相关基因表达水平的影响；(c)为乙酸钠对 *PPAR*γ 基因过表达奶牛乳腺上皮细胞 TAG 合成相关基因表达水平的影响；(d)为乙酸钠对 *PPAR*γ 基因过表达奶牛乳腺上皮细胞乳脂肪合成转录调控相关基因表达水平的影响。数据均以"平均值 ± 标准差"表示，实验重复 5 次。小写字母不同表示差异显著($P < 0.05$)；小写字母相同表示差异不显著($P > 0.05$)。

如图 4 – 9(b)所示：与非转染组和 pGCMV – IRES – EGFP 空载体组相比，乙酸钠组、pGCMV – IRES – EGFP + 乙酸钠组 *ACC*、*FAS*、*SCD* 的 mRNA 表达水平显著升高($P < 0.05$)；与非转染组和 pGCMV – IRES – EGFP 空载体组相比，*PPAR*γ 过表达组 *ACC*、*FAS*、*SCD* 的 mRNA 表达水平显著升高($P < 0.05$)；与乙酸钠组和 pGCMV – IRES – EGFP + 乙酸钠组相比，*PPAR*γ 过表达 + 乙酸钠组 *ACC*、*FAS*、*SCD* 的 mRNA 表达水平也显著升高($P < 0.05$)；与 *PPAR*γ 过表达组相比，*PPAR*γ 过表达 + 乙酸钠组 *ACC*、*FAS*、*SCD* 的 mRNA 表达水平显著升高($P < 0.05$)。

如图 4 – 9(c)所示：与非转染组和 pGCMV – IRES – EGFP 空载体组相比，乙酸钠组、pGCMV – IRES – EGFP + 乙酸钠组 *GPAT*、*AGPAT6*、*DGAT1* 的 mRNA 表达水平显著升高($P < 0.05$)；与非转染组和 pGCMV – IRES – EGFP 空载体组相比，*PPAR*γ 过表达组 *GPAT*、*AGPAT6*、*DGAT1* 的 mRNA 表达水平显著升高($P < 0.05$)；与乙酸钠组和 pGCMV – IRES – EGFP + 乙酸钠组相比，*PPAR*γ 过表

达 + 乙酸钠组 *GPAT*、*AGPAT6*、*DGAT1* 的 mRNA 表达水平显著升高($P < 0.05$);与 *PPARγ* 过表达组相比,*PPARγ* 过表达 + 乙酸钠组 *GPAT*、*AGPAT6*、*DGAT1* 的 mRNA 表达水平显著升高($P < 0.05$)。

如图 4 - 9(d)所示:与非转染组和 pGCMV - IRES - EGFP 空载体组相比,乙酸钠组、pGCMV - IRES - EGFP + 乙酸钠组 *PPARγ*、*PPARGC1α*、*SREBP1*、*INSIG1*、*SCAP* 的 mRNA 表达水平显著升高($P < 0.05$);与非转染组和 pGCMV - IRES - EGFP 空载体组相比,*PPARγ* 过表达组 *PPARγ*、*PPARGC1α*、*SREBP1*、*INSIG1*、*SCAP* 的 mRNA 表达水平显著升高($P < 0.05$);与乙酸钠组和 pGCMV - IRES - EGFP + 乙酸钠组相比,*PPARγ* 过表达 + 乙酸钠组 *PPARγ*、*PPARGC1α*、*SREBP1*、*INSIG1*、*SCAP* 的 mRNA 表达水平显著升高($P < 0.05$);与 *PPARγ* 过表达组相比,*PPARγ* 过表达 + 乙酸钠组 *PPARγ*、*PPARGC1α*、*SREBP1*、*INSIG1*、*SCAP* 的 mRNA 表达水平显著升高($P < 0.05$)。

4.4.2.3 最佳浓度的乙酸钠对 *PPARγ* 基因过表达奶牛乳腺上皮细胞乳脂肪合成转录调控因子蛋白表达的影响

pGCMV - IRES - EGFP - PPARγ 转染 48 h 后,提取总蛋白,采用 Western blotting 检测奶牛乳腺上皮细胞乳脂肪合成转录调控因子的蛋白表达情况,结果如图 4 - 10 所示:与非转染组和 pGCMV - IRES - EGFP 空载体组相比,乙酸钠组、pGCMV - IRES - EGFP + 乙酸钠组 PPARγ、SREBP1 的蛋白表达水平显著升高($P < 0.05$);与非转染组和 pGCMV - IRES - EGFP 空载体组相比,*PPARγ* 过表达组 PPARγ、SREBP1 的蛋白表达水平显著升高($P < 0.05$);与乙酸钠组和 pGCMV - IRES - EGFP + 乙酸钠组相比,*PPARγ* 过表达 + 乙酸钠组 PPARγ、SREBP1 的蛋白表达水平显著升高($P < 0.05$);与 *PPARγ* 过表达组相比,*PPARγ* 过表达 + 乙酸钠组 PPARγ、SREBP1 的蛋白表达水平显著升高($P < 0.05$)。

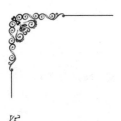

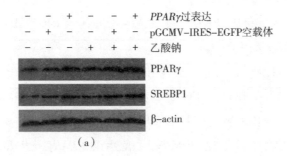

（a）

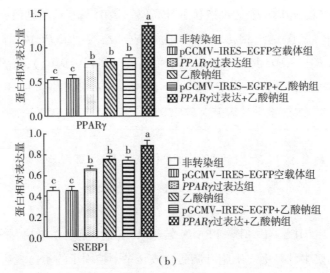

（b）

图4－10　乙酸钠对 *PPARγ* 基因过表达奶牛乳腺上皮细胞乳脂肪合成转录调控因子蛋白表达的影响

注：（a）为奶牛乳腺上皮细胞乳脂肪合成转录调控因子 Western blotting 检测结果，β－actin 为内参蛋白；（b）为奶牛乳腺上皮细胞乳脂肪合成转录调控因子蛋白相对表达量。数据均以"平均值±标准差"表示，实验重复 5 次。小写字母不同表示差异显著（$P < 0.05$）；小写字母相同表示差异不显著（$P > 0.05$）。

4.4.2.4　最佳浓度的乙酸钠对 *PPARγ* 基因过表达奶牛乳腺上皮细胞乳脂肪合成关键酶活力的影响

pGCMV－IRES－EGFP－PPARγ 转染 48 h 后，分别用 GPAT、AGPAT6、DGAT1 酶活力检测试剂盒检测奶牛乳腺上皮细胞乳脂肪合成关键酶的活力，结果如图4-11所示:与非转染组和pGCMV-IRES-EGFP空载体组相比,乙酸钠组、pGCMV-IRES-EGFP+乙酸钠组GPAT、AGPAT6、DGAT1的酶活力显著增大($P<0.05$);与非转染组和pGCMV-IRES-EGFP空载体组相比,PPARγ过表达组GPAT、AGPAT6、DGAT1的酶活力显著增大($P<0.05$);与乙酸钠组和pGCMV-IRES-EGFP+乙酸钠组相比,PPARγ过表达+乙酸钠组GPAT、AGPAT6、DGAT1的酶活力显著增大($P<0.05$);与PPARγ过表达组相比,PPARγ过表达+乙酸钠组GPAT、AGPAT6、DGAT1的酶活力显著增大($P<0.05$)。

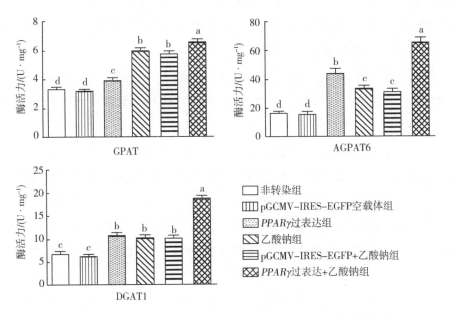

图4-11　乙酸钠对PPARγ基因过表达奶牛乳腺上皮细胞乳脂肪合成关键酶活力的影响

注:数据均以"平均值±标准差"表示,实验重复5次。小写字母不同表示差异显著($P<0.05$);小写字母相同表示差异不显著($P>0.05$)。

4.4.3　乙酸钠对PPARγ基因沉默、PPARγ基因过表达乳腺上皮细胞乳脂肪合成影响的分析

本书表明,向正常的奶牛乳腺上皮细胞中添加12 mmol/L的乙酸钠时,其

合成及分泌的 TAG 最多,而转录因子 PPARγ 基因沉默的奶牛乳腺上皮细胞对乳脂肪合成前体物乙酸钠的需求浓度发生改变,较高浓度(16 mmol/L)的乙酸钠使 PPARγ 基因沉默的奶牛乳腺上皮细胞分泌的乳脂肪最多。所以,本书实验选用 16 mmol/L 的乙酸钠,研究其对 PPARγ 基因沉默奶牛乳腺上皮细胞乳脂肪合成的影响。结果表明,与未添加乙酸钠的 PPARγ 基因沉默奶牛乳腺上皮细胞相比,16 mmol/L 的乙酸钠能显著促进 PPARγ 基因沉默奶牛乳腺上皮细胞中乳脂肪合成相关基因 FABP3、ACSL1、ACSS2、ACC、FAS、SCD、GPAT、AGPAT6、DGAT1、PPARγ、PPARGC1α、SREBP1、INSIG1、SCAP 的表达,以及乳脂肪合成转录调控因子 PPARγ、SREBP1 的蛋白表达,且能使 TAG 合成关键酶 GPAT、AGPAT6、DGAT1 的活力显著增大。本书发现,乙酸钠对 PPARγ 基因沉默的奶牛乳腺上皮细胞的乳脂肪合成有促进作用。

本书发现,向 PPARγ 基因过表达的奶牛乳腺上皮细胞中添加 8 mmol/L 的乙酸钠时,其合成、分泌的 TAG 最多,而向正常的奶牛乳腺上皮细胞中添加 12 mmol/L 的乙酸钠时,其合成、分泌的 TAG 最多。这表明,PPARγ 基因过表达后,奶牛乳腺上皮细胞对乳脂肪合成前体物乙酸钠的需求浓度较正常奶牛乳腺上皮细胞减少。所以,本书实验选用 8 mmol/L 的乙酸钠,研究其对 PPARγ 基因过表达奶牛乳腺上皮细胞乳脂肪合成的影响。结果表明,与未添加乙酸钠的 PPARγ 基因过表达奶牛乳腺上皮细胞相比,除长链脂肪酸摄取基因 CD36 外,8 mmol/L 的乙酸钠能显著促进其他乳脂肪合成相关基因 FABP3、ACSL1、ACSS2、ACC、FAS、SCD、GPAT、AGPAT6、DGAT1、PPARγ、PPARGC1α、SREBP1、INSIG1、SCAP 的表达,以及乳脂肪合成转录调控因子 PPARγ、SREBPI 的蛋白表达,且能使 TAG 合成关键酶 GPAT、AGPAT6、DGAT1 的活力显著增大。本书发现,乙酸钠能显著促进 PPARγ 基因过表达的奶牛乳腺上皮细胞的乳脂肪合成。

本书证明,与正常的奶牛乳腺上皮细胞相比,PPARγ 基因沉默、PPARγ 基因过表达的奶牛乳腺上皮细胞合成乳脂肪时对乳脂肪合成前体物乙酸钠的需求浓度发生改变。短链脂肪酸不仅能提供营养和能量,还能作为信号分子发挥作用。有研究表明,SCFA 能结合 G 蛋白偶联受体的 GPR41 和 GPR43,启动细胞内的信号通路发挥生物学作用。Yonezawa 等人的研究表明,SCFA 连接并活化牛 GPR41 和 GPR43,从而参与牛乳腺上皮细胞的细胞信号通路。Hong 等人的研究表明,短链脂肪酸盐乙酸盐和丙酸盐通过 GPR43 刺激脂肪合成,而且

GPR43 基因沉默引起 3T3 – L1 细胞 *PPARγ2* 的 mRNA 表达水平降低,使细胞的脂肪合成量减少。侯增森的研究表明,乙酸盐能显著促进前体脂肪细胞的分化,提高 *GPR43* 的 mRNA 表达水平,同时提高分化标志基因 *PPARγ* 和 *C/EBPα* 的 mRNA 表达水平。本书发现,一定浓度的乙酸钠能促进 *PPARγ* 基因沉默、*PPARγ* 基因过表达奶牛乳腺上皮细胞 PPARγ 的 mRNA 表达和蛋白表达,同时促进乳脂肪合成转录调控因子的蛋白表达,因此我们推测,乙酸钠可能先通过信号分子(如 GPR43)诱导 PPARγ 表达,然后作为其 PPARγ 配体活化 PPARγ,或发挥促进其转录的磷酸化作用,从而调控奶牛乳腺上皮细胞乳脂肪合成。

4.5　β – 羟丁酸钠对 *PPARγ* 基因沉默和 *PPARγ* 基因过表达乳腺上皮细胞乳脂肪合成的影响

4.5.1　β – 羟丁酸钠对 *PPARγ* 基因沉默乳腺上皮细胞乳脂肪合成的影响

4.5.1.1　细胞培养液中 TAG 含量

　　分别向空白对照组、阴性对照组和 *PPARγ* 干扰组添加不同浓度的 β – 羟丁酸钠,每个处理设置 5 个平行试样,在 *PPARγ* siRNA oligo 转染奶牛乳腺上皮细胞 48 h 后,检测各处理组细胞培养液中 TAG 含量的变化,结果如图 4 – 12 所示:添加 1.00 mmol/L β – 羟丁酸钠的空白对照组及阴性对照组的 TAG 含量大于其他浓度 β – 羟丁酸钠处理的空白对照组及阴性对照组($P < 0.05$);添加不同浓度 β – 羟丁酸钠的 *PPARγ* 干扰组的 TAG 含量均小于相应的空白对照组及阴性对照组($P < 0.05$);添加 1.00 mmol/L β – 羟丁酸钠的 *PPARγ* 干扰组的 TAG 含量大于其他浓度 β – 羟丁酸钠处理的 *PPARγ* 干扰组($P < 0.05$)。所以,我们在后续实验中选择添加 1.00 mmol/L 的 β – 羟丁酸钠,研究其对 *PPARγ* 基因沉默奶牛乳腺上皮细胞乳脂肪合成的影响。

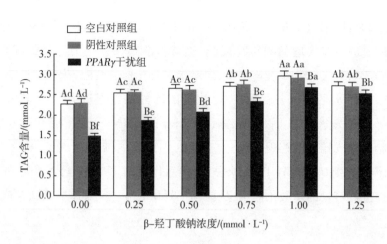

图 4 – 12　不同浓度的 β – 羟丁酸钠对 *PPARγ* 基因沉默奶牛乳腺上皮细胞培养液中 TAG 含量的影响

注：数据均以"平均值 ± 标准差"表示，实验重复 5 次。由不同浓度的 β – 羟丁酸钠处理的同一实验组用小写字母标注，小写字母不同表示差异显著（$P < 0.05$），小写字母相同表示差异不显著（$P > 0.05$）；由同一浓度的 β – 羟丁酸钠处理的不同实验组用大写字母标注，大写字母不同表示差异显著（$P < 0.05$），大写字母相同表示差异不显著（$P > 0.05$）。

4.5.1.2　最佳浓度的 β – 羟丁酸钠对 *PPARγ* 基因沉默奶牛乳腺上皮细胞乳脂肪合成相关基因表达的影响

PPARγ siRNA oligo 转染 48 h 后，采用 qRT – PCR 检测奶牛乳腺上皮细胞相关基因的表达情况，如图 4 – 13 所示。

如图 4 – 13（a）所示：与空白对照组和阴性对照组相比，β – 羟丁酸钠组、阴性对照 + β – 羟丁酸钠组 *FABP3*、*ACSL1*、*ACSS2* 的 mRNA 表达水平显著升高（$P < 0.05$），但 *CD36* 的 mRNA 表达水平显著降低（$P < 0.05$）；与空白对照组和阴性对照组相比，*PPARγ* 干扰组 *CD36*、*FABP3*、*ACSL1* 的 mRNA 表达水平显著降低（$P < 0.05$）；与 β – 羟丁酸钠组和阴性对照 + β – 羟丁酸钠组相比，*PPARγ* 干扰 + β – 羟丁酸钠组 *CD36*、*FABP3*、*ACSL1* 的 mRNA 表达水平显著降低（$P < 0.05$）；与 *PPARγ* 干扰组相比，*PPARγ* 干扰 + β – 羟丁酸钠组 *FABP3*、*ACSL1* 的 mRNA 表达水平显著升高（$P < 0.05$），而 *CD36* 的 mRNA 表达水平无显著变化（$P > 0.05$）；空白对照组、阴性对照组和 *PPARγ* 干扰组 *ACSS2* 的 mRNA 表达水平无显著差异（$P > 0.05$），且 β – 羟丁酸钠组、阴性对照 + β – 羟丁酸钠组和

PPARγ 干扰 + β－羟丁酸钠组 *ACSS2* 的 mRNA 表达水平也无显著差异（*P* > 0.05）；与 *PPARγ* 干扰组相比，β－羟丁酸钠组、阴性对照 + β－羟丁酸钠组和 *PPARγ* 干扰 + β－羟丁酸钠组 *ACSS2* 的 mRNA 表达水平均显著升高（*P* < 0.05）。

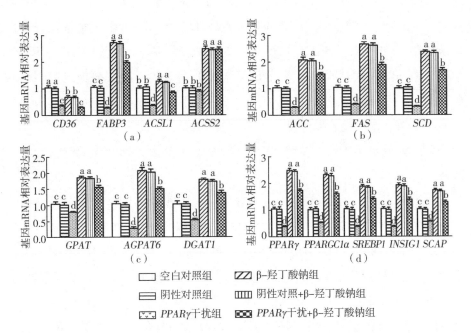

图 4 － 13　β－羟丁酸钠对 *PPARγ* 基因沉默奶牛乳腺上皮细胞乳脂肪合成相关基因表达的影响

注：（a）为 β－羟丁酸钠对 *PPARγ* 基因沉默奶牛乳腺上皮细胞脂肪酸摄取、转运、活化相关基因表达水平的影响；（b）为 β－羟丁酸钠对 *PPARγ* 基因沉默奶牛乳腺上皮细胞脂肪酸从头合成、去饱和相关基因表达水平的影响；（c）为 β－羟丁酸钠对 *PPARγ* 基因沉默奶牛乳腺上皮细胞 TAG 合成相关基因表达水平的影响；（d）为 β－羟丁酸钠对 *PPARγ* 基因沉默奶牛乳腺上皮细胞乳脂肪合成转录调控相关基因表达水平的影响。数据均以"平均值 ± 标准差"表示，实验重复 5 次。小写字母不同表示差异显著（*P* < 0.05）；小写字母相同表示差异不显著（*P* > 0.05）。

如图 4 － 13（b）所示：与空白对照组和阴性对照组相比，β－羟丁酸钠组、阴性对照 + β － 羟丁酸钠组 *ACC*、*FAS*、*SCD* 的 mRNA 表达水平显著升高（*P* < 0.05）；与空白对照组和阴性对照组相比，*PPARγ* 干扰组 *ACC*、*FAS*、*SCD* 的

mRNA 表达水平显著降低($P < 0.05$);与 β - 羟丁酸钠组和阴性对照 + β - 羟丁酸钠组相比,*PPARγ* 干扰 + β - 羟丁酸钠组 *ACC*、*FAS*、*SCD* 的 mRNA 表达水平显著降低($P < 0.05$);与 *PPARγ* 干扰组相比,*PPARγ* 干扰 + β - 羟丁酸钠组 *ACC*、*FAS*、*SCD* 的 mRNA 表达水平显著升高($P < 0.05$)。

如图 4 - 13(c)所示:与空白对照组和阴性对照组相比,β - 羟丁酸钠组、阴性对照 + β - 羟丁酸钠组 *GPAT*、*AGPAT6*、*DGAT1* 的 mRNA 表达水平显著升高($P < 0.05$);与空白对照组和阴性对照组相比,*PPARγ* 干扰组 *GPAT*、*AGPAT6*、*DGAT1* 的 mRNA 表达水平显著降低($P < 0.05$);与 β - 羟丁酸钠组和阴性对照 + β - 羟丁酸钠组相比,*PPARγ* 干扰 + β - 羟丁酸钠组 *GPAT*、*AGPAT6*、*DGAT1* 的 mRNA 表达水平显著降低($P < 0.05$);与 *PPARγ* 干扰组相比,*PPARγ* 干扰 + β - 羟丁酸钠组 *GPAT*、*AGPAT6*、*DGAT1* 的 mRNA 表达水平显著升高($P < 0.05$)。

如图 4 - 13(d)所示:与空白对照组和阴性对照组相比,β - 羟丁酸钠组、阴性对照 + β - 羟丁酸钠组 *PPARγ*、*PPARGC1α*、*SREBP1*、*INSIG1*、*SCAP* 的 mRNA 表达水平显著升高($P < 0.05$);与空白对照组和阴性对照组相比,*PPARγ* 干扰组 *PPARγ*、*PPARGC1α*、*SREBP1*、*INSIG1*、*SCAP* 的 mRNA 表达水平显著降低($P < 0.05$);与 β - 羟丁酸钠组和阴性对照 + β - 羟丁酸钠组相比,*PPARγ* 干扰 + β - 羟丁酸钠组 *PPARγ*、*PPARGC1α*、*SREBP1*、*INSIG1*、*SCAP* 的 mRNA 表达水平显著降低($P < 0.05$);与 *PPARγ* 干扰组相比,*PPARγ* 干扰 + β - 羟丁酸钠组 *PPARγ*、*PPARGC1α*、*SREBP1*、*INSIG1*、*SCAP* 的 mRNA 表达水平显著升高($P < 0.05$)。

4.5.1.3 最佳浓度的 β - 羟丁酸钠对 *PPARγ* 基因沉默奶牛乳腺上皮细胞乳脂肪合成转录调控因子蛋白表达的影响

PPARγ siRNA oligo 转染 48 h 后,提取总蛋白,采用 Western blotting 检测奶牛乳腺上皮细胞乳脂肪合成转录调控因子的蛋白表达情况,结果如图 4 - 14 所示:与空白对照组和阴性对照组相比,β - 羟丁酸钠组、阴性对照 + β - 羟丁酸钠组 PPARγ、SREBP1 的蛋白表达水平显著升高($P < 0.05$);与空白对照组和阴性对照组相比,*PPARγ* 干扰组 PPARγ、SREBP1 的蛋白表达水平显著降低($P <$

0.05);与 β – 羟丁酸钠组和阴性对照 + β – 羟丁酸钠组相比,*PPARγ* 干扰 + β – 羟丁酸钠组 PPARγ、SREBP1 的蛋白表达水平显著降低(*P* < 0.05);与 *PPARγ* 干扰组相比,*PPARγ* 干扰 + β – 羟丁酸钠组 PPARγ、SREBP1 的蛋白表达水平显著升高(*P* < 0.05)。

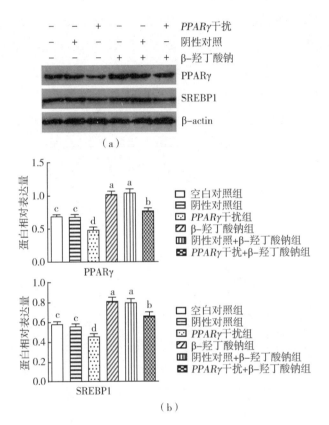

图 4 – 14 β – 羟丁酸钠对 *PPARγ* 基因沉默奶牛乳腺上皮细胞乳脂肪合成转录调控因子蛋白表达的影响

注:(a)为奶牛乳腺上皮细胞乳脂肪合成转录调控因子 Western blotting 检测结果,β – actin 为内参蛋白;(b)为奶牛乳腺上皮细胞乳脂肪合成转录调控因子蛋白相对表达量。数据均以"平均值 ± 标准差"表示,实验重复 5 次。小写字母不同表示差异显著(*P* < 0.05);小写字母相同表示差异不显著(*P* > 0.05)。

4.5.1.4 最佳浓度的 β‑羟丁酸钠对 *PPARγ* 基因沉默奶牛乳腺上皮细胞乳脂肪合成关键酶活力的影响

　　PPARγ siRNA oligo 转染 48 h 后,分别用 GPAT、AGPAT6、DGAT1 酶活力检测试剂盒检测奶牛乳腺上皮细胞乳脂肪合成关键酶的活力,结果如图 4 – 15 所示:与空白对照组和阴性对照组相比,β‑羟丁酸钠组、阴性对照 + β‑羟丁酸钠组 GPAT、AGPAT6、DGAT1 的酶活力显著增大($P < 0.05$);与空白对照组和阴性对照组相比,*PPARγ* 干扰组 GPAT、AGPAT6、DGAT1 的酶活力显著减小($P < 0.05$);与 β‑羟丁酸钠组和阴性对照 + β‑羟丁酸钠组相比,*PPARγ* 干扰 + β‑羟丁酸钠组 GPAT、AGPAT6、DGAT1 的酶活力显著减小($P < 0.05$);与 *PPARγ* 干扰组相比,*PPARγ* 干扰 + β‑羟丁酸钠组 GPAT、AGPAT6、DGAT1 的酶活力显著增大($P < 0.05$)。

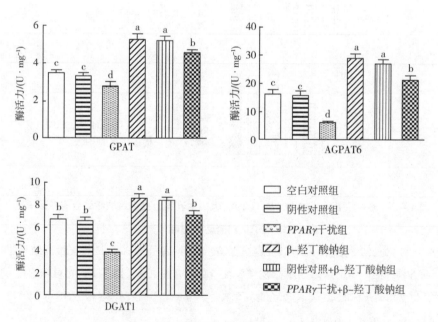

图 4 – 15　β‑羟丁酸钠对 *PPARγ* 基因沉默奶牛乳腺上皮细胞乳脂肪合成关键酶活力的影响

注:数据均以"平均值 ± 标准差"表示,实验重复 5 次。小写字母不同表示差异显著($P < 0.05$);小写字母相同表示差异不显著($P > 0.05$)。

4.5.2 β-羟丁酸钠对*PPARγ*基因过表达乳腺上皮细胞乳脂肪合成的影响

4.5.2.1 细胞培养液中TAG含量

分别向非转染组、pGCMV – IRES – EGFP空载体组和*PPARγ*过表达组添加不同浓度的β-羟丁酸钠,每个处理设置5个平行试样,将奶牛乳腺上皮细胞培养48 h后,检测各组细胞培养液中的TAG含量,结果如图4 – 16所示:添加1.00 mmol/L β-羟丁酸钠的非转染组和pGCMV – IRES – EGFP空载体组的TAG含量大于其他浓度的β-羟丁酸钠处理的非转染组及pGCMV – IRES – EGFP空载体组($P < 0.05$);添加不同浓度的β-羟丁酸钠的*PPARγ*过表达组的TAG含量均大于相应的非转染组和pGCMV – IRES – EGFP空载体组($P < 0.05$);添加0.75 mmol/L β-羟丁酸钠的*PPARγ*过表达组的TAG含量大于其他浓度的β-羟丁酸钠处理的*PPARγ*过表达组($P < 0.05$)。所以,我们在后续实验中选择添加0.75 mmol/L的β-羟丁酸钠,研究其对*PPARγ*基因过表达奶牛乳腺上皮细胞乳脂肪合成的影响。

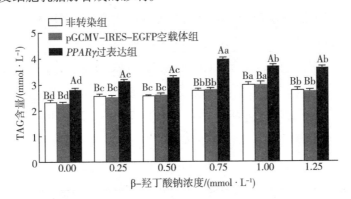

图4 – 16 不同浓度的β-羟丁酸钠对*PPARγ*基因过表达奶牛乳腺上皮细胞培养液中TAG含量的影响

注:数据均以"平均值±标准差"表示,实验重复5次。由不同浓度的β-羟丁酸钠处理的同一实验组用小写字母标注,小写字母不同表示差异显著($P < 0.05$),小写字母相同表示差异不显著($P > 0.05$);由同一浓度的β-羟丁酸钠处理的不同实验组用大写字母标注,大写字母不同表示差异显著($P < 0.05$),大写字母相同表示差异不显著($P > 0.05$)。

4.5.2.2 最佳浓度的 β－羟丁酸钠对 *PPARγ* 基因过表达奶牛乳腺上皮细胞乳脂肪合成相关基因表达的影响

pGCMV－IRES－EGFP－PPARγ 转染 48 h 后，采用 qRT－PCR 检测奶牛乳腺上皮细胞相关基因的表达情况，如图 4－17 所示。

如图 4－17(a)所示：与非转染组和 pGCMV－IRES－EGFP 空载体组相比，β－羟丁酸钠组和 pGCMV－IRES－EGFP＋β－羟丁酸钠组 *FABP3*、*ACSL1*、*ACSS2* 的 mRNA 表达水平显著升高($P < 0.05$)，但 *CD36* 的表达水平显著降低($P < 0.05$)；与非转染组和 pGCMV－IRES－EGFP 空载体组相比，*PPARγ* 过表达组 *CD36*、*FABP3*、*ACSL1* 的 mRNA 表达水平显著升高($P < 0.05$)，但 *ACSS2* 的 mRNA 表达水平差异不显著($P > 0.05$)；与 β－羟丁酸钠组和 pGCMV－IRES－EGFP＋β－羟丁酸钠组相比，*PPARγ* 过表达＋β－羟丁酸钠组 *CD36*、*FABP3*、*ACSL1*、*ACSS2* 的 mRNA 表达水平显著升高($P < 0.05$)；与 *PPARγ* 过表达组相比，*PPARγ* 过表达＋β－羟丁酸钠组 *FABP3*、*ACSL1*、*ACSS2* 的 mRNA 表达水平显著升高($P < 0.05$)，而 *CD36* 的 mRNA 表达水平显著降低($P < 0.05$)。

如图 4－17(b)所示：与非转染组和 pGCMV－IRES－EGFP 空载体组相比，β－羟丁酸钠组、pGCMV－IRES－EGFP＋β－羟丁酸钠组 *ACC*、*FAS*、*SCD* 的 mRNA 表达水平显著升高($P < 0.05$)；与非转染组和 pGCMV－IRES－EGFP 空载体组相比，*PPARγ* 过表达组 *ACC*、*FAS*、*SCD* 的 mRNA 表达水平显著升高($P < 0.05$)；与 β－羟丁酸钠组和 pGCMV－IRES－EGFP＋β－羟丁酸钠组相比，*PPARγ* 过表达＋β－羟丁酸钠组 *ACC*、*FAS*、*SCD* 的 mRNA 表达水平显著升高($P < 0.05$)；与 *PPARγ* 过表达组相比，*PPARγ* 过表达＋β－羟丁酸钠组 *ACC*、*FAS*、*SCD* 的 mRNA 表达水平显著升高($P < 0.05$)。

如图 4－17(c)所示：与非转染组和 pGCMV－IRES－EGFP 空载体组相比，β－羟丁酸钠组、pGCMV－IRES－EGFP＋β－羟丁酸钠组 *GPAT*、*AGPAT6*、*DGAT1* 的 mRNA 表达水平显著升高($P < 0.05$)；与非转染组和 pGCMV－IRES－EGFP 空载体组相比，*PPARγ* 过表达组 *GPAT*、*AGPAT6*、*DGAT1* 的 mRNA 表达水平显著升高($P < 0.05$)；与 β－羟丁酸钠组和 pGCMV－IRES－EGFP＋β－羟丁酸钠组相比，*PPARγ* 过表达＋β－羟丁酸钠组 *GPAT*、*AGPAT6*、*DGAT1*

的 mRNA 表达水平显著升高($P<0.05$);与 *PPARγ* 过表达组相比,*PPARγ* 过表达 + β - 羟丁酸钠组 *GPAT*、*AGPAT6*、*DGAT1* 的 mRNA 表达水平显著升高($P<0.05$)。

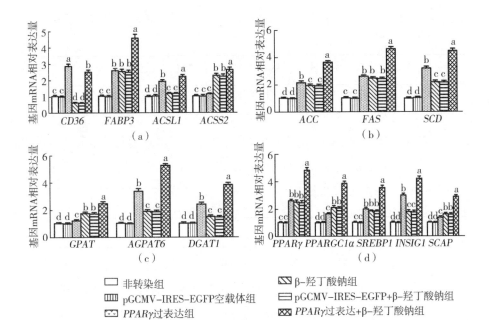

图 4 - 17　β - 羟丁酸钠对 *PPARγ* 基因过表达奶牛乳腺上皮细胞乳脂肪合成相关基因表达的影响

注:(a)为 β - 羟丁酸钠对 *PPARγ* 基因过表达奶牛乳腺上皮细胞脂肪酸摄取、转运、活化相关基因表达水平的影响;(b)为 β - 羟丁酸钠对 *PPARγ* 基因过表达奶牛乳腺上皮细胞脂肪酸从头合成、去饱和相关基因表达水平的影响;(c)为 β - 羟丁酸钠对 *PPARγ* 基因过表达奶牛乳腺上皮细胞 TAG 合成相关基因表达水平的影响;(d)为 β - 羟丁酸钠对 *PPARγ* 基因过表达奶牛乳腺上皮细胞乳脂肪合成转录调控相关基因表达水平的影响。数据均以"平均值 ± 标准差"表示,实验重复 5 次。小写字母不同表示差异显著($P<0.05$);小写字母相同表示差异不显著($P>0.05$)。

　　如图 4 - 17(d)所示:与非转染组和 pGCMV - IRES - EGFP 空载体组相比,β - 羟丁酸钠组、pGCMV - IRES - EGFP + β - 羟丁酸钠组 *PPARγ*、*PPARGC1α*、*SREBP1*、*INSIG1*、*SCAP* 的 mRNA 表达水平显著升高($P<0.05$);与非转染组和 pGCMV - IRES - EGFP 空载体组相比,*PPARγ* 过表达组 *PPARγ*、*PPARGC1α*、

SREBP1、*INSIG1*、*SCAP* 的 mRNA 表达水平显著升高($P < 0.05$);与 β – 羟丁酸钠组和 pGCMV – IRES – EGFP + β – 羟丁酸钠组相比,*PPARγ* 过表达 + β – 羟丁酸钠组 *PPARγ*、*PPARGC1α*、*SREBP1*、*INSIG1*、*SCAP* 的 mRNA 表达水平显著升高($P < 0.05$);与 *PPARγ* 过表达组相比,*PPARγ* 过表达 + β – 羟丁酸钠组 *PPARγ*、*PPARGC1α*、*SREBP1*、*INSIG1*、*SCAP* 的 mRNA 表达水平显著升高($P < 0.05$)。

4.5.2.3　最佳浓度的 β – 羟丁酸钠对 *PPARγ* 基因过表达奶牛乳腺上皮细胞乳脂肪合成转录调控因子蛋白表达的影响

　　pGCMV – IRES – EGFP – PPARγ 转染 48 h 后,提取总蛋白,采用 Western blotting 检测奶牛乳腺上皮细胞乳脂肪合成转录调控因子的蛋白表达情况,结果如图 4 – 18 所示:与非转染组和 pGCMV – IRES – EGFP 空载体组相比,β – 羟丁酸钠组、pGCMV – IRES – EGFP + β – 羟丁酸钠组 PPARγ、SREBP1 的蛋白表达水平显著升高($P < 0.05$);与非转染组和 pGCMV – IRES – EGFP 空载体组相比,*PPARγ* 过表达组 PPARγ、SREBP1 的蛋白表达水平显著升高($P < 0.05$);与 β – 羟丁酸钠组和 pGCMV – IRES – EGFP + β – 羟丁酸钠组相比,*PPARγ* 过表达 + β – 羟丁酸钠组 PPARγ、SREBP1 的蛋白表达水平显著升高($P < 0.05$);与 *PPARγ* 过表达组相比,*PPARγ* 过表达 + β – 羟丁酸钠组 PPARγ、SREBP1 的蛋白表达水平显著升高($P < 0.05$)。

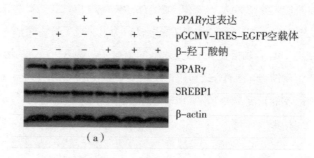

(a)

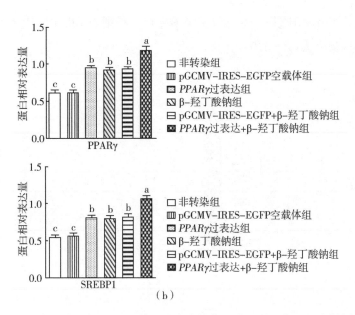

图4-18　β-羟丁酸钠对*PPARγ*基因过表达奶牛乳腺上皮细胞乳脂肪合成转录调控

因子蛋白表达的影响

注:(a)为奶牛乳腺上皮细胞乳脂肪合成转录调控因子 Western blotting 检测结果,β-actin 为内参蛋白;(b)为奶牛乳腺上皮细胞乳脂肪合成转录调控因子蛋白相对表达量。数据均以"平均值±标准差"表示,实验重复5次。小写字母不同表示差异显著($P < 0.05$);小写字母相同表示差异不显著($P > 0.05$)。

4.5.2.4　最佳浓度的β-羟丁酸钠对*PPARγ*基因过表达奶牛乳腺上皮细胞乳脂肪合成关键酶活力的影响

pGCMV - IRES - EGFP - PPARγ 转染48 h 后,分别用 GPAT、AGPAT6、DGAT1 酶活力检测试剂盒检测奶牛乳腺上皮细胞乳脂肪合成关键酶的活力,结果如图4-19所示:与非转染组和 pGCMV - IRES - EGFP 空载体组相比,β-羟丁酸钠组、pGCMV - IRES - EGFP + β-羟丁酸钠组 GPAT、AGPAT6、DGAT1 的酶活力显著增大($P < 0.05$);与非转染组和 pGCMV - IRES - EGFP 空载体组相比,*PPARγ* 过表达组 GPAT、AGPAT6、DGAT1 的酶活力显著增大($P < 0.05$);与β-羟丁酸钠组和 pGCMV - IRES - EGFP + β-羟丁酸钠组相比,PPARγ 过表达 + β-羟丁酸钠组 GPAT、AGPAT6、DGAT1 的酶活力显著增大($P < 0.05$);与

PPARγ 过表达组相比,PPARγ 过表达 + β – 羟丁酸钠组 GPAT、AGPAT6、DGAT1 的酶活力显著增大($P < 0.05$)。

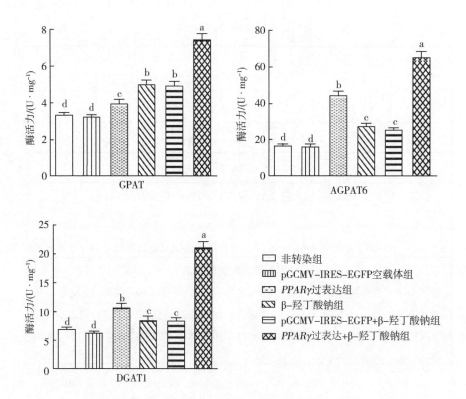

图 4 – 19 β – 羟丁酸钠对 PPARγ 基因过表达奶牛乳腺上皮细胞乳脂肪合成关键酶活力的影响

注:数据均以"平均值 ± 标准差"表示,实验重复 5 次。小写字母不同表示差异显著($P < 0.05$);小写字母相同表示差异不显著($P > 0.05$)。

4.5.3 β – 羟丁酸钠对 PPARγ 基因沉默、PPARγ 基因过表达乳腺上皮细胞乳脂肪合成影响的分析

本书发现,向正常的奶牛乳腺上皮细胞中添加 1.00 mmol/L 的 β – 羟丁酸钠时,其合成的 TAG 最多,对于 PPARγ 基因沉默的奶牛乳腺上皮细胞也是如此。同时,与未添加 β – 羟丁酸钠的 PPARγ 基因沉默奶牛乳腺上皮细胞相比,添加 1.00 mmol/L 的 β – 羟丁酸钠能使 PPARγ 基因沉默奶牛乳腺上皮细胞脂

肪酸转运及活化相关基因（*FABP3*、*ACSL1*、*ACSS2*）、脂肪酸从头合成及去饱和相关基因（*ACC*、*FAS*、*SCD*）、TAG 合成相关基因（*GPAT*、*AGPAT6*、*DGAT1*）、乳脂肪合成转录调控相关基因（*PPARγ*、*PPARGC1α*、*SREBP1*、*INSIG1*、*SCAP*）的 mRNA 表达水平显著升高，使乳脂肪合成转录调控因子 PPARγ、SREBP1 的蛋白表达水平显著升高，使乳脂肪合成关键酶 GPAT、AGPAT6、DGAT1 的活力显著增大。本书实验结果表明，转录因子 *PPARγ* 基因沉默时，奶牛乳腺上皮细胞对乳脂肪合成前体物 β-羟丁酸钠的最佳需求浓度没有发生改变，1.00 mmol/L 的 β-羟丁酸钠对 *PPARγ* 基因沉默的奶牛乳腺上皮细胞的乳脂肪合成有一定的促进作用。

本书发现，添加 0.75 mmol/L β-羟丁酸钠的 *PPARγ* 过表达奶牛乳腺上皮细胞合成的 TAG 最多，而正常奶牛乳腺上皮细胞对 β-羟丁酸钠的最佳需求浓度为 1.00 mmol/L。这说明，*PPARγ* 基因过表达的奶牛乳腺上皮细胞对乳脂肪合成前体物 β-羟丁酸钠的需求浓度减小。用 0.75 mmol/L 的 β-羟丁酸钠作用于 *PPARγ* 基因过表达的奶牛乳腺上皮细胞，结果表明，β-羟丁酸钠能显著提高 *PPARγ* 基因过表达奶牛乳腺上皮细胞脂肪酸转运及活化相关基因（*FABP3*、*ACSL1*、*ACSS2*）、脂肪酸从头合成及去饱和相关基因（*ACC*、*FAS*、*SCD*）、TAG 合成相关基因（*GPAT*、*AGPAT6*、*DGAT1*）、乳脂肪合成转录调控相关基因（*PPARγ*、*PPARGC1α*、*SREBP1*、*INSIG1*、*SCAP*）的 mRNA 表达水平，以及 PPARγ、SREBP1 的蛋白表达水平，且能显著增大 GPAT、AGPAT6、DGAT1 的酶活力。这些结果说明，β-羟丁酸钠对 *PPARγ* 基因过表达的奶牛乳腺上皮细胞的乳脂肪合成也起到正向调控作用。

本书发现，*PPARγ* 基因过表达的奶牛乳腺上皮细胞对乳脂肪合成前体物 β-羟丁酸钠的需求浓度发生改变，而 *PPARγ* 基因沉默的奶牛乳腺上皮细胞对 β-羟丁酸钠的需求浓度没有发生改变。丁酸钠是一种组蛋白去乙酰化酶抑制剂，被看作一种基因表达的调控剂。Wachtershauser 等人的研究表明，以丁酸钠处理人结肠癌 Caco-2 细胞，能使 PPARγ 的 mRNA 表达水平和蛋白表达水平显著升高。短链脂肪酸盐丁酸钠能反式激活并连接 PPARγ，从而调控人结肠组织基因的表达。孙雨婷用丙酸盐和丁酸盐处理奶山羊乳腺上皮细胞后明显观察到脂质积累，而且丁酸盐能促进 GPR43 表达。本书发现，适当浓度的 β-羟丁酸钠能促进 *PPARγ* 基因沉默、过表达的奶牛乳腺上皮细胞转录因子 PPARγ

的表达,以及其他乳脂肪合成相关基因和蛋白的表达。本书推测,β-羟丁酸钠可能通过其他信号分子(如 GPR43 等)诱导 PPARγ 表达,进而与 PPARγ 连接,促使其发挥转录、激活作用,调控奶牛乳腺上皮细胞的乳脂肪合成。

4.6 乙酸钠和 β-羟丁酸钠协同作用对 *PPARγ* 基因沉默、*PPARγ* 基因过表达乳腺上皮细胞乳脂肪合成的影响

4.6.1 乙酸钠和 β-羟丁酸钠协同作用对 *PPARγ* 基因沉默乳腺上皮细胞乳脂肪合成影响的检测结果

4.6.1.1 细胞培养液中 TAG 含量

分别向空白对照组、阴性对照组、*PPARγ* 干扰组添加不同浓度配比的乙酸钠和 β-羟丁酸钠混合物,每个处理设置 5 个平行试样,在 *PPARγ* siRNA oligo 转染奶牛乳腺上皮细胞 48 h 后,检测各组细胞培养液中 TAG 含量的变化,结果如图 4-20 所示:添加 8 mmol/L 乙酸钠和 1.00 mmol/L β-羟丁酸钠混合物的空白对照组及阴性对照组的 TAG 含量大于其他空白对照组与阴性对照组($P <$ 0.05);同时添加各种浓度配比的乙酸钠和 β-羟丁酸钠混合物的 *PPARγ* 干扰组的 TAG 含量均小于相应的空白对照组及阴性对照组($P < 0.05$);添加 8 mmol/L 乙酸钠和 1.25 mmol/L β-羟丁酸钠的 *PPARγ* 干扰组的 TAG 含量大于其他 *PPARγ* 干扰组($P < 0.05$)。所以,我们在后续实验中选择添加 8 mmol/L 乙酸钠和 1.25 mmol/L β-羟丁酸钠混合物,研究二者协同作用对 *PPARγ* 基因沉默奶牛乳腺上皮细胞乳脂肪合成的影响。

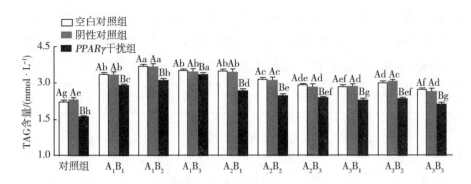

图 4 - 20　不同浓度配比的乙酸钠和 β - 羟丁酸钠混合物对 *PPARγ* 基因沉默奶牛乳腺

上皮细胞培养液中 TAG 含量的影响

注:AB 代表不同浓度的乙酸钠与 β - 羟丁酸钠混合物。数据均以"平均值 ± 标准差"表示,实验重复 5 次。由不同浓度配比的乙酸钠和 β - 羟丁酸钠混合物处理的同一实验组用小写字母标注,小写字母不同表示差异显著($P < 0.05$),小写字母相同表示差异不显著($P > 0.05$);由同一浓度配比的乙酸钠和 β - 羟丁酸钠混合物处理的不同实验组用大写字母标注,大写字母不同表示差异显著($P < 0.05$),大写字母相同表示差异不显著($P > 0.05$)。

4.6.1.2　最佳浓度的二者混合物对 *PPARγ* 基因沉默奶牛乳腺上皮细胞乳脂肪合成相关基因表达的影响

PPARγ siRNA oligo 转染 48 h 后,采用 qRT - PCR 检测奶牛乳腺上皮细胞相关基因的表达情况,如图 4 - 21 所示。

如图 4 - 21(a)所示:与空白对照组和阴性对照组相比,乙酸钠 + β - 羟丁酸钠组、阴性对照 + 乙酸钠 + β - 羟丁酸钠组 *CD36*、*FABP3*、*ACSL1*、*ACSS2* 的 mRNA 表达水平显著升高($P < 0.05$);与空白对照组和阴性对照组相比,*PPARγ* 干扰组 *CD36*、*FABP3*、*ACSL1* 的 mRNA 表达水平显著降低($P < 0.05$);与乙酸钠 + β - 羟丁酸钠组和阴性对照 + 乙酸钠 + β - 羟丁酸钠组相比,*PPARγ* 干扰 + 乙酸钠 + β - 羟丁酸钠组 *CD36*、*FABP3*、*ACSL1* 的 mRNA 表达水平显著降低($P < 0.05$);与 *PPARγ* 干扰组相比,*PPARγ* 干扰 + 乙酸钠 + β - 羟丁酸钠组 *CD36*、*FABP3*、*ACSL1* 的 mRNA 表达水平显著升高($P < 0.05$);空白对照组、阴性对照组和 *PPARγ* 干扰组间 *ACSS2* 的 mRNA 表达水平无显著差异($P > 0.05$),且乙酸钠 + β - 羟丁酸钠组、阴性对照 + 乙酸钠 + β - 羟丁酸钠组和

PPARγ 干扰 + 乙酸钠 + β – 羟丁酸钠组间 *ACSS2* 的 mRNA 表达水平也无显著差异（$P > 0.05$）；与 *PPARγ* 干扰组相比，乙酸钠 + β – 羟丁酸钠组、阴性对照 + 乙酸钠 + β – 羟丁酸钠组和 *PPARγ* 干扰 + 乙酸钠 + β – 羟丁酸钠组 *ACSS2* 的表达水平均显著升高（$P < 0.05$）。

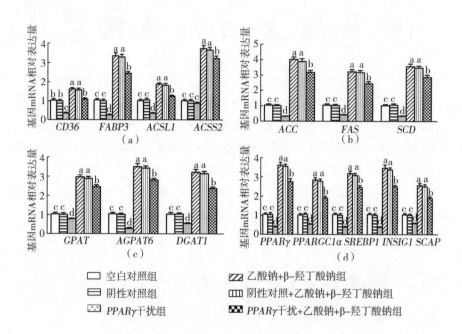

图 4 – 21　乙酸钠和 β – 羟丁酸钠协同作用对 *PPARγ* 基因沉默奶牛乳腺上皮细胞乳脂肪合成相关基因表达的影响

注：（a）为乙酸钠和 β – 羟丁酸钠协同作用对 *PPARγ* 基因沉默奶牛乳腺上皮细胞脂肪酸摄取、转运、活化相关基因表达水平的影响；（b）为乙酸钠和 β – 羟丁酸钠协同作用对 *PPARγ* 基因沉默奶牛乳腺上皮细胞脂肪酸从头合成、去饱和相关基因表达水平的影响；（c）为乙酸钠和 β – 羟丁酸钠协同作用对 *PPARγ* 基因沉默奶牛乳腺上皮细胞 TAG 合成相关基因表达水平的影响；（d）为乙酸钠和 β – 羟丁酸钠协同作用对 *PPARγ* 基因沉默奶牛乳腺上皮细胞乳脂肪合成转录调控相关基因表达水平的影响。数据均以"平均值 ± 标准差"表示，实验重复 5 次。小写字母不同表示差异显著（$P < 0.05$）；小写字母相同表示差异不显著（$P > 0.05$）。

如图 4 – 21（b）所示：与空白对照组和阴性对照组相比，乙酸钠 + β – 羟丁酸钠组、阴性对照 + 乙酸钠 + β – 羟丁酸钠组 *ACC*、*FAS*、*SCD* 的 mRNA 表达水平显著升高($P<0.05$);与空白对照组和阴性对照组相比,$PPAR\gamma$干扰组ACC、FAS、SCD的mRNA表达水平显著降低($P<0.05$);与乙酸钠$+\beta$-羟丁酸钠组和阴性对照$+$乙酸钠$+\beta$-羟丁酸钠组相比,$PPAR\gamma$干扰$+$乙酸钠$+\beta$-羟丁酸钠组ACC、FAS、SCD的mRNA表达水平显著降低($P<0.05$);与$PPAR\gamma$干扰组相比,$PPAR\gamma$干扰$+$乙酸钠$+\beta$-羟丁酸钠组ACC、FAS、SCD的mRNA表达水平显著升高($P<0.05$)。

如图4-21(c)所示:与空白对照组和阴性对照组相比,乙酸钠$+\beta$-羟丁酸钠组、阴性对照$+$乙酸钠$+\beta$-羟丁酸钠组$GPAT$、$AGPAT6$、$DGAT1$的mRNA表达水平显著升高($P<0.05$);与空白对照组和阴性对照组相比,$PPAR\gamma$干扰组$GPAT$、$AGPAT6$、$DGAT1$的mRNA表达水平显著降低($P<0.05$);与乙酸钠$+\beta$-羟丁酸钠组和阴性对照$+$乙酸钠$+\beta$-羟丁酸钠组相比,$PPAR\gamma$干扰$+$乙酸钠$+\beta$-羟丁酸钠组$GPAT$、$AGPAT6$、$DGAT1$的mRNA表达水平显著降低($P<0.05$);与$PPAR\gamma$干扰组相比,$PPAR\gamma$干扰$+$乙酸钠$+\beta$-羟丁酸钠组$GPAT$、$AGPAT6$、$DGAT1$的mRNA表达水平显著升高($P<0.05$)。

如图4-21(d)所示:与空白对照组和阴性对照组相比,乙酸钠$+\beta$-羟丁酸钠组、阴性对照$+$乙酸钠$+\beta$-羟丁酸钠组$PPAR\gamma$、$PPARGC1\alpha$、$SREBP1$、$INSIG1$、$SCAP$的mRNA表达水平显著升高($P<0.05$);与空白对照组和阴性对照组相比,$PPAR\gamma$干扰组$PPAR\gamma$、$PPARGC1\alpha$、$SREBP1$、$INSIG1$、$SCAP$的mRNA表达水平显著降低($P<0.05$);与乙酸钠$+\beta$-羟丁酸钠组和阴性对照$+$乙酸钠$+\beta$-羟丁酸钠组相比,$PPAR\gamma$干扰$+$乙酸钠$+\beta$-羟丁酸钠组$PPAR\gamma$、$PPARGC1\alpha$、$SREBP1$、$INSIG1$、$SCAP$的mRNA表达水平显著降低($P<0.05$);与$PPAR\gamma$干扰组相比,$PPAR\gamma$干扰$+$乙酸钠$+\beta$-羟丁酸钠组$PPAR\gamma$、$PPARGC1\alpha$、$SREBP1$、$INSIG1$、$SCAP$的mRNA表达水平显著升高($P<0.05$)。

4.6.1.3 最佳浓度的二者混合物对$PPAR\gamma$基因沉默奶牛乳腺上皮细胞乳脂肪合成转录调控因子蛋白表达的影响

$PPAR\gamma$ siRNA oligo转染48 h后,提取总蛋白,采用Western blotting检测奶牛乳腺上皮细胞乳脂肪合成转录调控因子的表达情况,结果如图4-22所示:与空白对照组和阴性对照组相比,乙酸钠$+\beta$-羟丁酸钠组、阴性对照$+$乙酸

钠 + β – 羟丁钠组 PPARγ、SREBP1 的蛋白表达水平显著升高($P < 0.05$);与空白对照组和阴性对照组相比,*PPARγ* 干扰组 PPARγ、SREBP1 的蛋白表达水平显著降低($P < 0.05$);与乙酸钠 + β – 羟丁酸钠组和阴性对照 + 乙酸钠 + β – 羟丁酸钠组相比,*PPARγ* 干扰 + 乙酸钠 + β – 羟丁酸钠组 PPARγ、SREBP1 的蛋白表达水平显著降低($P < 0.05$);与 *PPARγ* 干扰组相比,*PPARγ* 干扰 + 乙酸钠 + β – 羟丁酸钠组 PPARγ、SREBP1 的蛋白表达水平显著升高($P < 0.05$)。

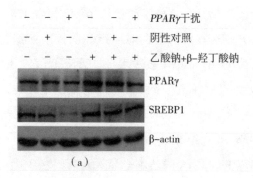

（a）

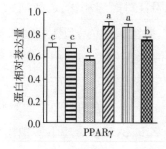

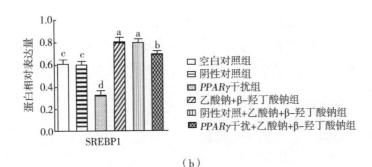

（b）

图 4 – 22　乙酸钠和 β – 羟丁酸钠协同作用对 *PPARγ* 基因沉默奶牛乳腺上皮细胞乳脂肪合成转录调控因子蛋白表达的影响

注：(a)为奶牛乳腺上皮细胞乳脂肪合成转录调控因子 Western blotting 检测结果，β – actin 为内参蛋白；(b)为奶牛乳腺上皮细胞乳脂肪合成转录调控因子蛋白相对表达量。数据均以"平均值 ± 标准差"表示，实验重复 5 次。小写字母不同表示差异显著($P < 0.05$)；小写字母相同表示差异不显著($P > 0.05$)。

4.6.1.4　最佳浓度的二者混合物对 *PPARγ* 基因沉默奶牛乳腺上皮细胞乳脂肪合成关键酶活力的影响

PPARγ siRNA oligo 转染 48 h 后，分别用 GPAT、AGPAT6、DGAT1 酶活力试剂盒检测奶牛乳腺上皮细胞乳脂肪合成关键酶的活力，结果如图 4 – 23 所示：与空白对照组和阴性对照组相比，乙酸钠 + β – 羟丁酸钠组、阴性对照 + 乙酸钠 + β – 羟丁酸钠组 GPAT、AGPAT6、DGAT1 的酶活力显著增大($P < 0.05$)；与空白对照组和阴性对照组相比，*PPARγ* 干扰组 GPAT、AGPAT6、DGAT1 的酶活力显著减小($P < 0.05$)；与乙酸钠 + β – 羟丁酸钠组和阴性对照 + 乙酸钠 + β – 羟丁酸钠组相比，*PPARγ* 干扰 + 乙酸钠 + β – 羟丁酸钠组 GPAT、AGPAT6、DGAT1 的酶活力显著减小($P < 0.05$)；与 *PPARγ* 干扰组相比，*PPARγ* 干扰 + 乙酸钠 + β – 羟丁酸钠组 GPAT、AGPAT6、DGAT1 的酶活力显著增大($P < 0.05$)。

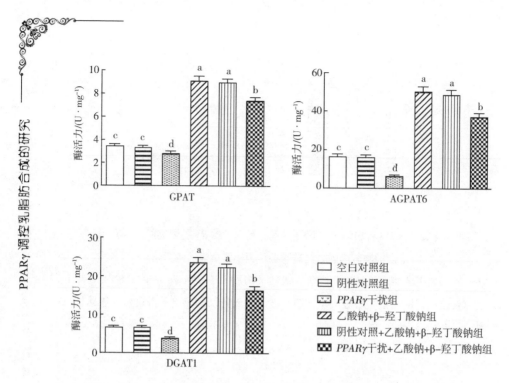

图 4 – 23　乙酸钠和 β – 羟丁酸钠协同作用对 *PPARγ* 基因沉默奶牛乳腺上皮细胞乳脂肪合成关键酶活力的影响

注:数据均以"平均值 ± 标准差"表示,实验重复 5 次。小写字母不同表示差异显著（$P < 0.05$）；小写字母相同表示差异不显著（$P > 0.05$）。

4.6.2　乙酸钠和 β – 羟丁酸钠协同作用对 *PPARγ* 基因过表达乳腺上皮细胞乳脂肪合成影响的检测结果

4.6.2.1　细胞培养液中 TAG 含量

分别向非转染组、pGCMV – IRES – EGFP 空载体组、*PPARγ* 过表达组添加不同浓度配比的乙酸钠和 β – 羟丁酸钠混合物,每个处理设置 5 个平行试样,将奶牛乳腺上皮细胞培养 48 h 后,检测各组细胞培养液中的 TAG 含量,结果如图 4 – 24 所示:添加 8 mmol/L 乙酸钠和 1.00 mmol/L β – 羟丁酸钠混合物的非转染组与 pGCMV – IRES – EGFP 空载体组的 TAG 含量大于其他非转染组及

pGCMV – IRES – EGFP 空载体组（$P < 0.05$）；添加各种浓度配比的乙酸钠和β – 羟丁酸钠混合物的 *PPARγ* 过表达组的 TAG 含量均大于相应的非转染组与pGCMV – IRES – EGFP 空载体组（$P < 0.05$）；添加 12 mmol/L 乙酸钠和0.75 mmol/L β – 羟丁酸钠的 *PPARγ* 过表达组奶牛乳腺上皮细胞培养液中的TAG 含量大于其他浓度配比混合物处理的 *PPARγ* 过表达组（$P < 0.05$）。所以，我们在后续实验中选择添加 12 mmol/L 乙酸钠和 0.75 mmol/L β – 羟丁酸钠混合物，研究二者协同作用对 *PPARγ* 基因过表达奶牛乳腺上皮细胞乳脂肪合成的影响。

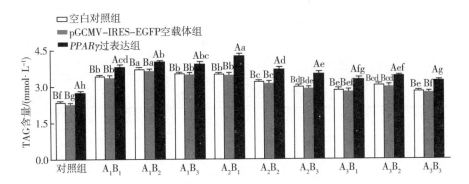

图 4 – 24　不同浓度配比的乙酸钠和 β – 羟丁酸钠混合物对 *PPARγ* 基因过表达

奶牛乳腺上皮细胞培养液中 TAG 含量的影响

注：AB 代表不同浓度的乙酸钠与 β – 羟丁酸钠的混合物。数据均以"平均值 ± 标准差"表示，实验重复 5 次。由不同浓度配比的乙酸钠和 β – 羟丁酸钠混合物处理的同一实验组用小写字母标注，小写字母不同表示差异显著（$P < 0.05$），小写字母相同表示差异不显著（$P > 0.05$）；由同一浓度配比的乙酸钠和 β – 羟丁酸钠混合物处理的不同实验组用大写字母标注，大写字母不同表示差异显著（$P < 0.05$），大写字母相同表示差异不显著（$P > 0.05$）。

4.6.2.2　最佳浓度的二者混合物对 *PPARγ* 基因过表达奶牛乳腺

　　　　上皮细胞乳脂肪合成相关基因表达的影响

　　pGCMV – IRES – EGFP – PPARγ 转染 48 h 后，采用 qRT – PCR 检测奶牛乳腺上皮细胞相关基因的表达情况，如图 4 – 25 所示。

　　如图 4 – 25（a）所示：与非转染组和 pGCMV – IRES – EGFP 空载体组相比，

乙酸钠 + β - 羟丁酸钠组和 pGCMV - IRES - EGFP + 乙酸钠 + β - 羟丁酸钠组 *CD36*、*FABP3*、*ACSL1*、*ACSS2* 的 mRNA 表达水平显著升高($P < 0.05$);与非转染组和 pGCMV - IRES - EGFP 空载体组相比,*PPARγ* 过表达组 *CD36*、*FABP3*、*ACSL1* 的 mRNA 表达水平显著升高($P < 0.05$),但 *ACSS2* 的 mRNA 表达水平差异不显著($P > 0.05$);与乙酸钠 + β - 羟丁酸钠组和 pGCMV - IRES - EGFP + 乙酸钠 + β - 羟丁酸钠组相比,*PPARγ* 过表达 + 乙酸钠 + β - 羟丁酸钠组 *CD36*、*FABP3*、*ACSL1*、*ACSS2* 的 mRNA 表达水平显著升高($P < 0.05$);与 *PPARγ* 过表达组相比,*PPARγ* 过表达 + 乙酸钠 + β - 羟丁酸钠组 *CD36*、*FABP3*、*ACSL1*、*ACSS2* 的 mRNA 表达水平显著升高($P < 0.05$)。

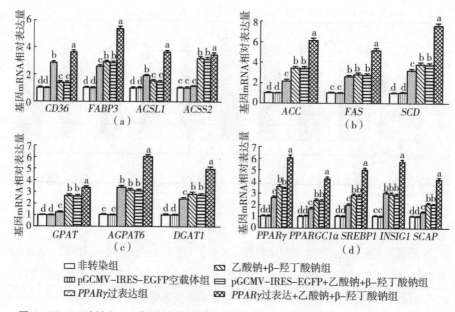

图 4 - 25　乙酸钠和 β - 羟丁酸钠协同作用对 *PPARγ* 基因过表达奶牛乳腺上皮细胞乳脂肪合成相关基因表达的影响

注:(a)为乙酸钠和 β - 羟丁酸钠协同作用对 *PPARγ* 基因过表达奶牛乳腺上皮细胞脂肪酸摄取、转运、活化相关基因表达水平的影响;(b)为乙酸钠和 β - 羟丁酸钠协同作用对 *PPARγ* 基因过表达奶牛乳腺上皮细胞脂肪酸从头合成、去饱和相关基因表达水平的影响;(c)为乙酸钠和 β - 羟丁酸钠协同作用对 *PPARγ* 基因过表达奶牛乳腺上皮细胞 TAG 合成相关基因表达水平的影响;(d)为乙酸钠和 β - 羟丁酸钠协同作用对 *PPARγ* 基因过表达奶牛乳腺上皮细胞乳脂肪合成转录调控相关基因表达水平的影响。数据均以"平均值 ± 标准差"表示,实验重复5 次。小写字母不同表示差异显著($P < 0.05$);小写字母相同表示差异不显著($P > 0.05$)。

如图 4 – 25(b)所示：与非转染组和 pGCMV – IRES – EGFP 空载体组相比，乙酸钠 + β – 羟丁酸钠组、pGCMV – IRES – EGFP + 乙酸钠 + β – 羟丁酸钠组 *ACC*、*FAS*、*SCD* 的 mRNA 表达水平显著升高（*P* < 0.05）；与非转染组和 pGCMV – IRES – EGFP 空载体组相比，*PPARγ* 过表达组 *ACC*、*FAS*、*SCD* 的 mRNA 表达水平显著升高（*P* < 0.05）；与乙酸钠 + β – 羟丁酸钠组和 pGCMV – IRES – EGFP + 乙酸钠 + β – 羟丁酸钠组相比，*PPARγ* 过表达 + 乙酸钠 + β – 羟丁酸钠组 *ACC*、*FAS*、*SCD* 的 mRNA 表达水平显著升高（*P* < 0.05）；与 *PPARγ* 过表达组相比，*PPARγ* 过表达 + 乙酸钠 + β – 羟丁酸钠组 *ACC*、*FAS*、*SCD* 的 mRNA 表达水平显著升高（*P* < 0.05）。

如图 4 – 25(c)所示：与非转染组和 pGCMV – IRES – EGFP 空载体组相比，乙酸钠 + β – 羟丁酸钠组、pGCMV – IRES – EGFP + 乙酸钠 + β – 羟丁酸钠组 *GPAT*、*AGPAT6*、*DGAT1* 的 mRNA 表达水平显著升高（*P* < 0.05）；与非转染组和 pGCMV – IRES – EGFP 空载体组相比，*PPARγ* 过表达组 *GPAT*、*AGPAT6*、*DGAT1* 的 mRNA 表达水平显著升高（*P* < 0.05）；与乙酸钠 + β – 羟丁酸钠组和 pGCMV – IRES – EGFP + 乙酸钠 + β – 羟丁酸钠组相比，*PPARγ* 过表达 + 乙酸钠 + β – 羟丁酸钠组 *GPAT*、*AGPAT6*、*DGAT1* 的 mRNA 表达水平显著升高（*P* < 0.05）；与 *PPARγ* 过表达组相比，*PPARγ* 过表达 + 乙酸钠 + β – 羟丁酸钠组 *GPAT*、*AGPAT6*、*DGAT1* 的 mRNA 表达水平显著升高（*P* < 0.05）。

如图 4 – 25(d)所示：与非转染组和 pGCMV – IRES – EGFP 空载体组相比，乙酸钠 + β – 羟丁酸钠组、pGCMV – IRES – EGFP + 乙酸钠 + β – 羟丁酸钠组 *PPARγ*、*PPARGC1α*、*SREBP1*、*INSIG1*、*SCAP* 的 mRNA 表达水平显著升高（*P* < 0.05）；与非转染组和 pGCMV – IRES – EGFP 空载体组相比，*PPARγ* 过表达组 *PPARγ*、*PPARGC1α*、*SREBP1*、*INSIG1*、*SCAP* 的 mRNA 表达水平显著升高（*P* < 0.05）；与乙酸钠 + β – 羟丁酸钠组和 pGCMV – IRES – EGFP + 乙酸钠 + β – 羟丁酸钠组相比，*PPARγ* 过表达 + 乙酸钠 + β – 羟丁酸钠组 *PPARγ*、*PPARGC1α*、*SREBP1*、*INSIG1*、*SCAP* 的 mRNA 表达水平显著升高（*P* < 0.05）；与 *PPARγ* 过表达组相比，*PPARγ* 过表达 + 乙酸钠 + β – 羟丁酸钠组 *PPARγ*、*PPARGC1α*、*SREBP1*、*INSIG1*、*SCAP* 的 mRNA 表达水平显著升高（*P* < 0.05）。

4.6.2.3 最佳浓度的二者混合物对 *PPARγ* 基因过表达奶牛乳腺上皮细胞乳脂肪合成转录调控因子蛋白表达的影响

pGCMV – IRES – EGFP – PPARγ 转染 48 h 后,提取总蛋白,采用 Western blotting 检测奶牛乳腺上皮细胞乳脂肪合成转录调控因子的蛋白表达情况,结果如图 4 – 26 所示:与非转染组和 pGCMV – IRES – EGFP 空载体组相比,乙酸钠 + β – 羟丁酸钠组、pGCMV – IRES – EGFP + 乙酸钠 + β – 羟丁酸钠组 PPARγ、SREBP1 的蛋白表达水平显著升高($P < 0.05$);与非转染组和 pGCMV – IRES – EGFP 空载体组相比,*PPARγ* 过表达组 PPARγ、SREBP1 的蛋白表达水平显著升高($P < 0.05$);与乙酸钠 + β – 羟丁酸钠组和 pGCMV – IRES – EGFP + 乙酸钠 + β – 羟丁酸钠组相比,*PPARγ* 过表达 + 乙酸钠 + β – 羟丁酸钠组 PPARγ、SREBP1 的蛋白表达水平显著升高($P < 0.05$);与 *PPARγ* 过表达组相比,*PPARγ* 过表达 + 乙酸钠 + β – 羟丁酸钠组 PPARγ、SREBP1 的蛋白表达水平显著升高($P < 0.05$)。

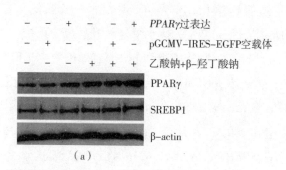

(a)

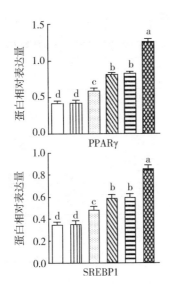

非转染组
pGCMV-IRES-EGFP空载体组
PPARγ过表达组
乙酸钠+β-羟丁酸钠组
pGCMV-IRES-EGFP+乙酸钠+β-羟丁酸钠组
PPARγ过表达+乙酸钠+β-羟丁酸钠组

非转染组
pGCMV-IRES-EGFP空载体组
PPARγ过表达组
乙酸钠+β-羟丁酸钠组
pGCMV-IRES-EGFP+乙酸钠+β-羟丁酸钠组
PPARγ过表达+乙酸钠+β-羟丁酸钠组

（b）

图 4 – 26　乙酸钠和 β – 羟丁酸钠协同作用对 PPARγ 基因过表达奶牛乳腺上皮细胞乳脂肪合成转录调控因子蛋白表达的影响

注：（a）为奶牛乳腺上皮细胞转录调控因子 Western blotting 检测结果，β – actin 为内参蛋白；（b）为奶牛乳腺上皮细胞转录调控因子蛋白相对表达量。数据均以"平均值 ± 标准差"表示，实验重复 5 次。小写字母不同表示差异显著（$P < 0.05$）；小写字母相同表示差异不显著（$P > 0.05$）。

4.6.2.4　最佳浓度的二者混合物对 PPARγ 基因过表达奶牛乳腺上皮细胞乳脂肪合成关键酶活力的影响

pGCMV – IRES – EGFP – PPARγ 转染 48 h 后，分别用 GPAT、AGPAT6、DGAT1 酶活力检测试剂盒检测奶牛乳腺上皮细胞乳脂肪合成关键酶的活力，结果如图 4 – 27 所示：与非转染组和 pGCMV – IRES – EGFP 空载体组相比，乙酸钠 + β – 羟丁酸钠组、pGCMV – IRES – EGFP + 乙酸钠 + β – 羟丁酸钠组 GPAT、AGPAT6、DGAT1 的酶活力显著增大（$P < 0.05$）；与非转染组和 pGCMV – IRES – EGFP 空载体组相比，PPARγ 过表达组 GPAT、AGPAT6、DGAT1 的酶活力显著增大（$P < 0.05$）；与乙酸钠 + β – 羟丁酸钠组和 pGCMV – IRES – EGFP + 乙酸钠 + β – 羟丁酸钠组相比，PPARγ 过表达 + 乙酸钠 + β – 羟丁酸钠组 GPAT、

AGPAT6、DGAT1 的酶活力显著增大（$P < 0.05$）；与 *PPARγ* 过表达组相比，*PPARγ* 过表达 + 乙酸钠 + β - 羟丁酸钠组 GPAT、AGPAT6、DGAT1 的酶活力显著增大（$P < 0.05$）。

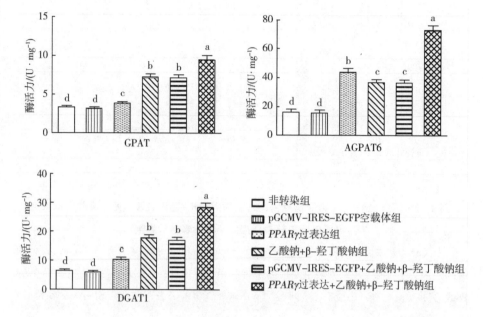

图 4 - 27　乙酸钠和 β - 羟丁酸钠协同作用对 *PPARγ* 基因过表达奶牛乳腺上皮细胞乳脂肪合成关键酶活力的影响

注：数据均以"平均值 ± 标准差"表示，实验重复 5 次。小写字母不同表示差异显著（$P < 0.05$）；小写字母相同表示差异不显著（$P > 0.05$）。

4.6.3　乙酸钠和 β - 羟丁酸钠协同作用对 *PPARγ* 基因沉默、*PPARγ* 基因过表达乳腺上皮细胞乳脂肪合成影响的分析

本书发现，向正常的奶牛乳腺上皮细胞中添加 8 mmol/L 乙酸钠和 1.00 mmol/L β - 羟丁酸钠时，其分泌的 TAG 最多；向 *PPARγ* 基因沉默的奶牛乳腺上皮细胞中添加 8 mmol/L 乙酸钠和 1.25 mmol/L β - 羟丁酸钠时，其分泌的 TAG 多。这表明，转录因子 *PPARγ* 基因沉默后，奶牛乳腺上皮细胞乳脂肪合成对乙酸钠和 β - 羟丁酸钠协同添加的需求浓度发生改变，8 mmol/L 乙酸钠和

1.25 mmol/L β-羟丁酸钠协同作用使 *PPARγ* 基因沉默的奶牛乳腺上皮细胞分泌的 TAG 最多。本书还发现，二者协同作用能提高 *PPARγ* 基因沉默奶牛乳腺上皮细胞乳脂肪合成相关基因 *CD36*、*FABP3*、*ACSL1*、*ACSS2*、*ACC*、*FAS*、*SCD*、*GPAT*、*AGPAT6*、*DGAT1*、*PPARγ*、*PPARGC1α*、*SREBP1*、*INSIG1*、*SCAP* 的 mRNA 表达水平和转录调控因子 PPARγ、SREBP1 的蛋白表达水平，增大 TAG 合成关键酶 GPAT、AGPAT6、DGAT1 的活力。本书实验结果说明，8 mmol/L 乙酸钠和 1.25 mmol/L β-羟丁酸钠协同作用对 *PPARγ* 基因沉默奶牛乳腺上皮细胞乳脂肪的合成有显著的促进作用。

本书发现，添加 12 mmol/L 乙酸钠和 0.75 mmol/L β-羟丁酸钠的 *PPARγ* 过表达奶牛乳腺上皮细胞分泌的 TAG 最多，而正常的奶牛乳腺上皮细胞对乙酸钠和 β-羟丁酸钠协同添加的最佳需求浓度为 8 mmol/L 乙酸钠、1.00 mmol/L β-羟丁酸钠，说明 *PPARγ* 基因过表达的奶牛乳腺上皮细胞乳脂肪合成对乙酸钠和 β-羟丁酸钠协同添加的需求浓度发生改变。本书还发现，12 mmol/L 乙酸钠和 0.75 mmol/L β-羟丁酸钠协同作用能够显著提高 *PPARγ* 基因过表达的奶牛乳腺上皮细胞脂肪酸摄取、转运及活化基因（*CD36*、*FABP3*、*ACSL1*、*ACSS2*），脂肪酸从头合成及去饱和基因（*ACC*、*FAS*、*SCD*），TAG 合成基因（*GPAT*、*AGPAT6*、*DGAT1*），以及转录调控相关基因（*PPARγ*、*PPARGC1α*、*SREBP1*、*INSIG1*、*SCAP*）的 mRNA 表达水平，显著提高 PPARγ、SREBP1 的蛋白表达水平，显著增大 GPAT、AGPAT6、DGAT1 的酶活力。这些结果表明，12 mmol/L 乙酸钠和 0.75 mmol/L β-羟丁酸钠对 *PPARγ* 基因过表达奶牛乳腺上皮细胞乳脂肪的合成有显著的促进作用。

本书表明，与正常奶牛乳腺上皮细胞相比，*PPARγ* 基因沉默、*PPARγ* 基因过表达奶牛乳腺上皮细胞对乙酸钠和 β-羟丁酸钠协同添加的需求浓度也发生改变。一定浓度的乙酸钠和 β-羟丁酸钠协同作用，可能通过 PPARγ 的某个上游信号分子促进 PPARγ 表达，进而与 PPARγ 相互作用，增强其转录、激活活性，调控 *PPARγ* 基因沉默、*PPARγ* 基因过表达奶牛乳腺上皮细胞乳脂肪合成相关基因和蛋白的表达。

4.7　软脂酸对 *PPARγ* 基因沉默和 *PPARγ* 基因过表达乳腺上皮细胞乳脂肪合成的影响

4.7.1　软脂酸对 *PPARγ* 基因沉默乳腺上皮细胞乳脂肪合成的影响

4.7.1.1　细胞培养液中 TAG 含量

分别向空白对照组、阴性对照组和 *PPARγ* 干扰组添加不同浓度的软脂酸，每个处理设置 5 个平行试样，*PPARγ* siRNA oligo 转染奶牛乳腺上皮细胞 48 h 后，检测各组细胞培养液中的 TAG 含量，结果如图 4 – 28 所示：添加 150 μmol/L 软脂酸的空白对照组及阴性对照组的 TAG 含量大于其他浓度软脂酸处理的空白对照组及阴性对照组（$P < 0.05$）；添加不同浓度软脂酸的 *PPARγ* 干扰组的 TAG 含量均小于相应的空白对照组及阴性对照组（$P < 0.05$）；添加 175 μmol/L 软脂酸的 *PPARγ* 干扰组的 TAG 含量大于其他浓度软脂酸处理的 *PPARγ* 干扰组（$P < 0.05$）。所以，我们在后续实验中选择添加 175 μmol/L 的软脂酸，研究其对 *PPARγ* 基因沉默奶牛乳腺上皮细胞乳脂肪合成的影响。

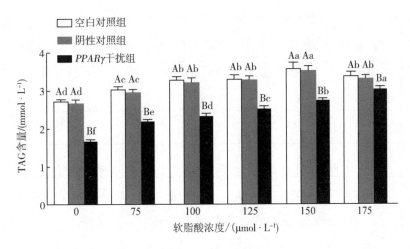

图 4 - 28　不同浓度的软脂酸对 *PPARγ* 基因沉默奶牛乳腺上皮细胞培养液中 TAG 含量的影响

注:数据均以"平均值 ± 标准差"表示,实验重复 5 次。由不同浓度的软脂酸处理的同一实验组用小写字母标注,小写字母不同表示差异显著($P < 0.05$),小写字母相同表示差异不显著($P > 0.05$);由同一浓度的软脂酸处理的不同实验组用大写字母标注,大写字母不同表示差异显著($P < 0.05$),大写字母相同表示差异不显著($P > 0.05$)。

4.7.1.2　最佳浓度的软脂酸对 *PPARγ* 基因沉默奶牛乳腺上皮细胞乳脂肪合成相关基因表达的影响

PPARγ siRNA oligo 转染 48 h 后,采用 qRT - PCR 检测奶牛乳腺上皮细胞相关基因的表达情况,如图 4 - 29 所示。

如图 4 - 29(a)所示:与空白对照组和阴性对照组相比,软脂酸组、阴性对照 + 软脂酸组 *CD36*、*FABP3*、*ACSL1*、*ACSS2* 的 mRNA 表达水平显著升高($P < 0.05$);与空白对照组和阴性对照组相比,*PPARγ* 干扰组 *CD36*、*FABP3*、*ACSL1* 的 mRNA 表达水平显著降低($P < 0.05$);与软脂酸组和阴性对照 + 软脂酸组相比,*PPARγ* 干扰 + 软脂酸组 *CD36*、*FABP3*、*ACSL1* 的 mRNA 表达水平显著降低($P < 0.05$);与 *PPARγ* 干扰组相比,*PPARγ* 干扰 + 软脂酸组 *CD36*、*FABP3*、*ACSL1* 的 mRNA 表达水平显著升高($P < 0.05$);空白对照组、阴性对照组和 *PPARγ* 干扰组间 *ACSS2* 的 mRNA 表达水平无显著差异($P > 0.05$),且软脂酸组、阴性对照 + 软脂酸组和 *PPARγ* 干扰 + 软脂酸组间 *ACSS2* 的 mRNA 表达水平也无显著差异($P > 0.05$);与 *PPARγ* 干扰组相比,软脂酸组、阴性对照 + 软脂酸组和 *PPARγ* 干扰 + 软脂酸组 *ACSS2* 的 mRNA 表达水平均显著升高($P < 0.05$)。

如图 4 - 29(b)所示:与空白对照组和阴性对照组相比,软脂酸组、阴性对照 + 软脂酸组 *SCD* 的 mRNA 表达水平显著升高($P < 0.05$),但 *ACC* 和 *FAS* 的 mRNA 表达水平显著降低($P < 0.05$);与空白对照组和阴性对照组相比,*PPARγ* 干扰组 *ACC*、*FAS*、*SCD* 的 mRNA 表达水平显著降低($P < 0.05$);与软脂酸组和阴性对照 + 软脂酸组相比,*PPARγ* 干扰 + 软脂酸组 *ACC*、*FAS*、*SCD* 的 mRNA 表达水平显著降低($P < 0.05$);与 *PPARγ* 干扰组相比,*PPARγ* 干扰 + 软脂酸组 *SCD* 的 mRNA 表达水平显著升高($P < 0.05$),而 *ACC*、*FAS* 的 mRNA 表达水平变化不显著($P > 0.05$)。

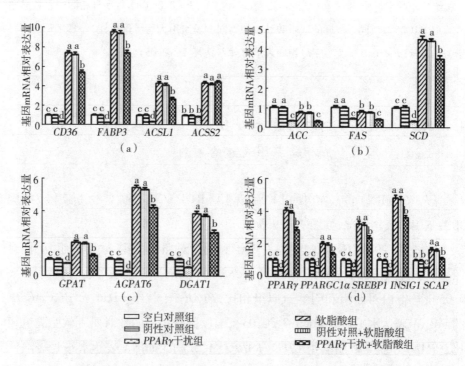

图 4 - 29 软脂酸对 *PPARγ* 基因沉默奶牛乳腺上皮细胞乳脂脂肪合成相关基因表达的影响

注:(a)为软脂酸对 *PPARγ* 基因沉默奶牛乳腺上皮细胞脂肪酸摄取、转运、活化相关基因表达水平的影响;(b)为软脂酸对 *PPARγ* 基因沉默奶牛乳腺上皮细胞脂肪酸从头合成、去

饱和相关基因表达水平的影响;(c)为软脂酸对 *PPARγ* 基因沉默奶牛乳腺上皮细胞 TAG 合成相关基因表达水平的影响;(d)为软脂酸对 *PPARγ* 基因沉默奶牛乳腺上皮细胞乳脂肪合成转录调控相关基因表达水平的影响。数据均以"平均值 ± 标准差"表示,实验重复 5 次。小写字母不同表示差异显著($P < 0.05$);小写字母相同表示差异不显著($P > 0.05$)。

如图 4 - 29(c)所示:与空白对照组和阴性对照组相比,软脂酸组、阴性对照 + 软脂酸组 *GPAT*、*AGPAT6*、*DGAT1* 的 mRNA 表达水平显著升高($P < 0.05$);与空白对照组和阴性对照组相比,*PPARγ* 干扰组 *GPAT*、*AGPAT6*、*DGAT1* 的 mRNA 表达水平显著降低($P < 0.05$);与软脂酸组和阴性对照 + 软脂酸组相比,*PPARγ* 干扰 + 软脂酸组 *GPAT*、*AGPAT6*、*DGAT1* 的 mRNA 表达水平显著降低($P < 0.05$);与 *PPARγ* 干扰组相比,*PPARγ* 干扰 + 软脂酸组 *GPAT*、*AGPAT6*、*DGAT1* 的 mRNA 表达水平显著升高($P < 0.05$)。

如图 4 - 29(d)所示:与空白对照组和阴性对照组相比,软脂酸组、阴性对照 + 软脂酸组 *PPARγ*、*PPARGC1α*、*SREBP1*、*INSIG1*、*SCAP* 的 mRNA 表达水平显著升高($P < 0.05$);与空白对照组和阴性对照组相比,*PPARγ* 干扰组 *PPARγ*、*PPARGC1α*、*SREBP1*、*INSIG1*、*SCAP* 的 mRNA 表达水平显著降低($P < 0.05$);与软脂酸组和阴性对照 + 软脂酸组相比,*PPARγ* 干扰 + 软脂酸组 *PPARγ*、*PPARGC1α*、*SREBP1*、*INSIG1*、*SCAP* 的 mRNA 表达水平显著降低($P < 0.05$);与 *PPARγ* 干扰组相比,*PPARγ* 干扰 + 软脂酸组 *PPARγ*、*PPARGC1α*、*SREBP1*、*INSIG1*、*SCAP* 的 mRNA 表达水平显著升高($P < 0.05$)。

4.7.1.3 最佳浓度的软脂酸对 *PPARγ* 基因沉默奶牛乳腺上皮细胞乳脂肪合成转录调控因子蛋白表达的影响

PPARγ siRNA oligo 转染 48 h 后,提取总蛋白,采用 Western blotting 检测奶牛乳腺上皮细胞乳脂肪合成转录调控因子的蛋白表达情况,结果如图 4 - 30 所示:与空白对照组和阴性对照组相比,软脂酸组、阴性对照 + 软脂酸组 PPARγ、SREBP1 的蛋白表达水平显著升高($P < 0.05$);与空白对照组和阴性对照组相比,*PPARγ* 干扰组 PPARγ、SREBP1 的蛋白表达水平显著降低($P < 0.05$);与软脂酸组和阴性对照 + 软脂酸组相比,*PPARγ* 干扰 + 软脂酸组 PPARγ、SREBP1 的蛋白表达水平显著降低($P < 0.05$);与 *PPARγ* 干扰组相比,*PPARγ* 干扰 + 软

脂酸组 PPARγ、SREBP1 的蛋白表达水平显著升高($P < 0.05$)。

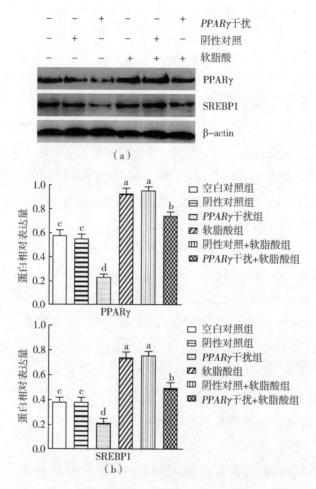

(a)

(b)

图 4 - 30　软脂酸对 *PPARγ* 基因沉默奶牛乳腺上皮细胞乳脂肪合成转录调控因子

蛋白表达的影响

注:(a)为奶牛乳腺上皮细胞乳脂肪合成转录调控因子 Western blotting 检测结果,β - actin 为内参蛋白;(b)为奶牛乳腺上皮细胞乳脂肪合成转录调控因子蛋白相对表达量。数据均以"平均值 ± 标准差"表示,实验重复 5 次。小写字母不同表示差异显著($P < 0.05$);小写字母相同表示差异不显著($P > 0.05$)。

4.7.1.4　最佳浓度的软脂酸对 *PPARγ* 基因沉默奶牛乳腺上皮细胞乳脂肪合成关键酶活力的影响

　　PPARγ siRNA oligo 转染 48 h 后,分别用 GPAT、AGPAT6、DGAT1 酶活力检测试剂盒检测奶牛乳腺上皮细胞乳脂肪合成关键酶的活力,结果如图 4 – 31 所示:与空白对照组和阴性对照组相比,软脂酸组、阴性对照 + 软脂酸组 GPAT、AGPAT6、DGAT1 的酶活力明显增大($P < 0.05$);与空白对照组和阴性对照组相比,*PPARγ* 干扰组 GPAT、AGPAT6、DGAT1 的酶活力显著减小($P < 0.05$);与软脂酸组和阴性对照 + 软脂酸组相比,*PPARγ* 干扰 + 软脂酸组 GPAT、AGPAT6、DGAT1 的酶活力显著减小($P < 0.05$);与 *PPARγ* 干扰组相比,*PPARγ* 干扰 + 软脂酸组 GPAT、AGPAT6、DGAT1 的酶活力显著增大($P < 0.05$)。

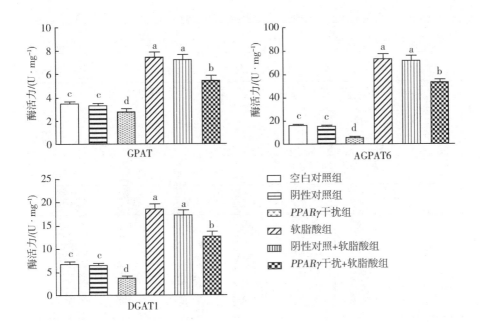

图 4 – 31　软脂酸对 *PPARγ* 基因沉默奶牛乳腺上皮细胞乳脂肪合成关键酶活力的影响

　　注:数据均以"平均值 ± 标准差"表示,实验重复 5 次。小写字母不同表示差异显著($P < 0.05$);小写字母相同表示差异不显著($P > 0.05$)。

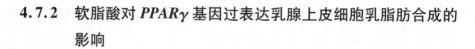

4.7.2 软脂酸对 *PPARγ* 基因过表达乳腺上皮细胞乳脂肪合成的影响

4.7.2.1 细胞培养液中 TAG 含量

分别向非转染组、pGCMV – IRES – EGFP 空载体组和 *PPARγ* 过表达组添加不同浓度的软脂酸,每个处理设置 5 个平行试样,将奶牛乳腺上皮细胞培养 48 h 后,检测各组细胞培养液中的 TAG 含量,结果如图 4 – 32 所示:添加 150 μmol/L 软脂酸的非转染组和 pGCMV – IRES – EGFP 空载体组的 TAG 含量大于其他浓度的软脂酸处理的非转染组及 pGCMV – IRES – EGFP 空载体组 ($P < 0.05$);添加不同浓度的软脂酸的 *PPARγ* 过表达组的 TAG 含量均大于相应的非转染组和 pGCMV – IRES – EGFP 空载体组($P < 0.05$);添加 125 μmol/L 软脂酸的 *PPARγ* 过表达组的 TAG 含量大于其他浓度的软脂酸处理的 *PPARγ* 过表达组($P < 0.05$)。所以,我们在后续实验中选择添加 125 μmol/L 的软脂酸,研究其对 *PPARγ* 基因过表达奶牛乳腺上皮细胞乳脂肪合成的影响。

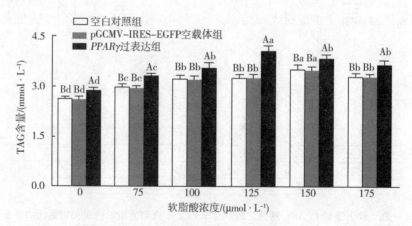

图 4 – 32   不同浓度的软脂酸对 *PPARγ* 基因过表达奶牛乳腺上皮细胞培养液中 TAG 含量的影响

注:数据均以"平均值 ± 标准差"表示,实验重复 5 次。由不同浓度的软脂酸处理的同一实验组用小写字母标注,小写字母不同表示差异显著($P < 0.05$),小写字母相同表示差异不

显著($P>0.05$);由同一浓度的软脂酸处理的不同实验组用大写字母标注,大写字母不同表示差异显著($P<0.05$),大写字母相同表示差异不显著($P>0.05$)。

4.7.2.2 最佳浓度的软脂酸对 *PPARγ* 基因过表达奶牛乳腺上皮细胞乳脂肪合成相关基因表达的影响

pGCMV - IRES - EGFP - PPARγ 转染 48 h 后,采用 qRT - PCR 检测奶牛乳腺上皮细胞相关基因的表达情况,如图 4 - 33 所示。

如图 4 - 33(a)所示:与非转染组和 pGCMV - IRES - EGFP 空载体组相比,软脂酸组和 pGCMV - IRES - EGFP + 软脂酸组 *CD36*、*FABP3*、*ACSL1*、*ACSS2* 的 mRNA 表达水平显著升高($P<0.05$);与非转染组和 pGCMV - IRES - EGFP 空载体组相比,*PPARγ* 组 *CD36*、*FABP3*、*ACSL1* 的 mRNA 表达水平显著升高($P<0.05$),但 *ACSS2* 的 mRNA 表达水平差异不显著($P>0.05$);与软脂酸组和 pGCMV - IRES - EGFP + 软脂酸组相比,*PPARγ* 过表达 + 软脂酸组 *CD36*、*FABP3*、*ACSL1*、*ACSS2* 的 mRNA 表达水平显著升高($P<0.05$);与 *PPARγ* 过表达组相比,*PPARγ* 过表达 + 软脂酸组 *CD36*、*FABP3*、*ACSL1*、*ACSS2* 的 mRNA 表达水平显著升高($P<0.05$)。

如图 4 - 33(b)所示:与非转染组和 pGCMV - IRES - EGFP 空载体组相比,软脂酸组和 pGCMV - IRES - EGFP + 软脂酸组 *SCD* 的 mRNA 表达水平显著升高($P<0.05$),但 *ACC* 和 *FAS* 的 mRNA 表达水平差异不显著($P>0.05$);与非转染组和 pGCMV - IRES - EGFP 空载体组相比,*PPARγ* 过表达组 *ACC*、*FAS*、*SCD* 的 mRNA 表达水平显著升高($P<0.05$);与软脂酸组和 pGCMV - IRES - EGFP + 软脂酸组相比,*PPARγ* 过表达 + 软脂酸组 *ACC*、*FAS*、*SCD* 的 mRNA 表达水平显著升高($P<0.05$);与 *PPARγ* 过表达组相比,*PPARγ* 过表达 + 软脂酸组 *SCD* 的 mRNA 表达水平显著升高($P<0.05$),而 *ACC* 和 *FAS* 的 mRNA 表达水平差异不显著($P>0.05$)。

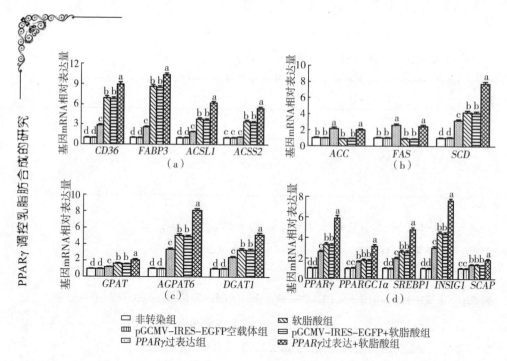

图 4 - 33　软脂酸对 *PPARγ* 基因过表达奶牛乳腺上皮细胞乳脂肪合成

相关基因表达的影响

注:(a)为软脂酸对 *PPARγ* 基因过表达奶牛乳腺上皮细胞脂肪酸摄取、转运、活化相关基因表达水平的影响;(b)为软脂酸对 *PPARγ* 基因过表达奶牛乳腺上皮细胞脂肪酸从头合成、去饱和相关表达水平的影响;(c)为软脂酸对 *PPARγ* 基因过表达奶牛乳腺上皮细胞 TAG 合成相关基因表达水平的影响;(d)为软脂酸对 *PPARγ* 基因过表达奶牛乳腺上皮细胞乳脂肪合成转录调控相关基因表达水平的影响。数据均以"平均值 ± 标准差"表示,实验重复 5 次。小写字母不同表示差异显著($P < 0.05$);小写字母相同表示差异不显著($P > 0.05$)。

如图 4 - 33(c)所示:与非转染组和 pGCMV - IRES - EGFP 空载体组相比,软脂酸组、pGCMV - IRES - EGFP + 软脂酸组 *GPAT*、*AGPAT6*、*DGAT1* 的 mRNA 表达水平显著升高($P < 0.05$);与非转染组和 pGCMV - IRES - EGFP 空载体组相比,*PPARγ* 过表达组 *GPAT*、*AGPAT6*、*DGAT1* 的 mRNA 表达水平显著升高($P < 0.05$);与软脂酸组和 pGCMV - IRES - EGFP + 软脂酸组相比,*PPARγ* 过表达 + 软脂酸组 *GPAT*、*AGPAT6*、*DGAT1* 的 mRNA 表达水平显著升高($P < 0.05$);与 *PPARγ* 过表达组相比,*PPARγ* 过表达 + 软脂酸组 *GPAT*、*AGPAT6*、*DGAT1* 的 mRNA 表达水平显著升高($P < 0.05$)。

如图 4 - 33(d)所示：与非转染组和 pGCMV - IRES - EGFP 空载体组相比，软脂酸组、pGCMV - IRES - EGFP + 软脂酸组 *PPARγ*、*PPARGC1α*、*SREBP1*、*INSIG1*、*SCAP* 的 mRNA 表达水平显著升高($P < 0.05$)；与非转染组和 pGCMV - IRES - EGFP 空载体组相比，*PPARγ* 过表达组 *PPARγ*、*PPARGC1α*、*SREBP1*、*INSIG1*、*SCAP* 的 mRNA 表达水平显著升高($P < 0.05$)；与软脂酸组和 pGCMV - IRES - EGFP + 软脂酸组相比，*PPARγ* 过表达 + 软脂酸组 *PPARγ*、*PPARGC1α*、*SREBP1*、*INSIG1*、*SCAP* 的 mRNA 表达水平显著升高($P < 0.05$)；与 *PPARγ* 过表达组相比，*PPARγ* 过表达 + 软脂酸组 *PPARγ*、*PPARGC1α*、*SREBP1*、*INSIG1*、*SCAP* 的 mRNA 表达水平显著升高($P < 0.05$)。

4.7.2.3 最佳浓度的软脂酸对 *PPARγ* 基因过表达奶牛乳腺上皮细胞乳脂肪合成转录调控因子蛋白表达的影响

pGCMV - IRES - EGFP - PPARγ 转染 48 h 后，提取总蛋白，采用 Western blotting 检测奶牛乳腺上皮细胞乳脂肪合成转录调控因子的蛋白表达情况，结果如图 4 - 34 所示：与非转染组和 pGCMV - IRES - EGFP 空载体组相比，软脂酸组、pGCMV - IRES - EGFP + 软脂酸组 PPARγ、SREBP1 的蛋白表达水平显著升高($P < 0.05$)；与非转染组和 pGCMV - IRES - EGFP 空载体组相比，*PPARγ* 过表达组 PPARγ、SREBP1 的蛋白表达水平显著升高($P < 0.05$)；与软脂酸组和 pGCMV - IRES - EGFP + 软脂酸组相比，*PPARγ* 过表达 + 软脂酸组 PPARγ、SREBP1 蛋白表达水平显著升高($P < 0.05$)；与 *PPARγ* 过表达组相比，*PPARγ* 过表达 + 软脂酸组 PPARγ、SREBP1 的蛋白表达水平显著升高($P < 0.05$)。

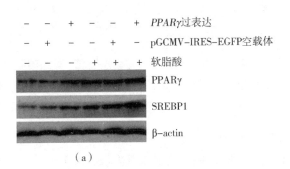

（a）

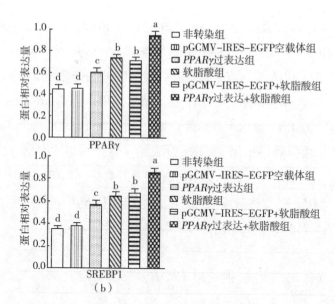

图4-34　软脂酸对 *PPARγ* 基因过表达奶牛乳腺上皮细胞乳脂肪合成转录调控因子蛋白表达的影响

注：(a)为奶牛乳腺上皮细胞乳脂肪合成转录调控因子 Western blotting 检测结果，β-actin 为内参蛋白；(b)为奶牛乳腺上皮细胞乳脂肪合成转录调控因子蛋白相对表达量。数据均以"平均值 ± 标准差"表示，实验重复 5 次。小写字母不同表示差异显著($P < 0.05$)；小写字母相同表示差异不显著($P > 0.05$)。

4.7.2.4　最佳浓度的软脂酸对 *PPARγ* 基因过表达奶牛乳腺上皮细胞乳脂肪合成关键酶活力的影响

pGCMV - IRES - EGFP - PPARγ 转染48 h 后，分别用 GPAT、AGPAT6、DGAT1 酶活力检测试剂盒检测奶牛乳腺上皮细胞乳脂肪合成关键酶的活力，结果如图 4 - 35 所示：与非转染组和 pGCMV - IRES - EGFP 空载体组相比，软脂酸组和 pGCMV - IRES - EGFP + 软脂酸组 GPAT、AGPAT6、DGAT1 的酶活力显著升高($P < 0.05$)；与非转染组和 pGCMV - IRES - EGFP 空载体组相比，*PPARγ* 过表达组 GPAT、AGPAT6、DGAT1 的酶活力显著升高($P < 0.05$)；与软脂酸组和 pGCMV - IRES - EGFP + 软脂酸组相比，*PPARγ* 过表达 + 软脂酸组 GPAT、AGPAT6、DGAT1 的酶活力显著升高($P < 0.05$)；与 *PPARγ* 过表达组相比，*PPARγ* 过表达 + 软脂酸组 GPAT、AGPAT6、DGAT1 的酶活力显著升高($P < 0.05$)。

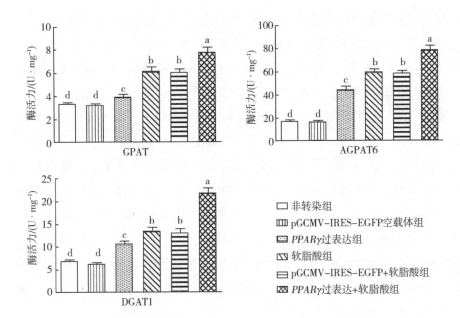

图4－35　软脂酸对 *PPARγ* 基因过表达奶牛乳腺上皮细胞乳脂肪合成关键酶活力的影响

注:数据均以"平均值 ± 标准差"表示,实验重复 5 次。小写字母不同表示差异显著($P < 0.05$);小写字母相同表示差异不显著($P > 0.05$)。

4.7.3　软脂酸对 *PPARγ* 基因沉默和过表达乳腺上皮细胞乳脂肪合成影响的分析

本书表明,150 μmol/L 的软脂酸使正常的奶牛乳腺上皮细胞合成的 TAG 最多,而 175 μmol/L 的软脂酸使 *PPARγ* 干扰的奶牛乳腺上皮细胞合成的 TAG 最多。这表明,转录因子 *PPARγ* 基因沉默时,奶牛乳腺上皮细胞对软脂酸的需求量发生改变,表现为对软脂酸的需求浓度增大。同时,我们用 175 μmol/L 的软脂酸作用于 *PPARγ* 基因沉默奶牛乳腺上皮细胞,发现与未添加软脂酸的 *PPARγ* 基因沉默奶牛乳腺上皮细胞相比,其乳脂肪合成相关基因 *CD36*、*FABP3*、*ACSL1*、*ACSS2*、*SCD* 的 mRNA 表达水平明显升高,GPAT、AGPAT6、DGAT1 的基因表达及酶活力明显上调,转录调控因子 *PPARγ*、*PPARGC1α*、*SREBP1*、*INSIG1*、*SCAP* 的 mRNA 表达水平及 PPARγ、SREBP1 的蛋白表达水平也显著升高。这些结果说明,长链脂肪酸软脂酸对 *PPARγ* 基因沉默奶牛乳腺上皮细胞乳脂肪合成基因及转录调控因子的表达有明显的促进作用。

本书发现,*PPARγ* 过表达的奶牛乳腺上皮细胞在添加 125 μmol/L 的软脂酸时合成、分泌的 TAG 最多,而正常的奶牛乳腺上皮细胞对软脂酸的最佳需求浓度为 150 μmol/L。这表明,*PPARγ* 基因过表达后,奶牛乳腺上皮细胞对软脂酸的需求浓度发生改变,这个需求浓度大于非转染奶牛乳腺上皮细胞对软脂酸的需求浓度。本书还发现,与未添加软脂酸的 *PPARγ* 基因过表达奶牛乳腺上皮细胞相比,125 μmol/L 的软脂酸能促进 *PPARγ* 过表达的奶牛乳腺上皮细胞脂肪酸摄取、转运、活化基因(*CD36*、*FABP3*、*ACSL1*、*ACSS2*)和脂肪酸去饱和基因(*SCD*)的 mRNA 表达,上调 TAG 合成关键酶(GPAT、AGPAT6、DGAT1)的基因表达和酶活力,同时显著提高乳脂肪合成转录调控相关基因(*PPARγ*、*PPARGC1α*、*SREBP1*、*INSIG1*、*SCAP*)的 mRNA 表达水平及 PPARγ、SREBP1 的蛋白表达水平。这些结果说明,125 μmol/L 的软脂酸能促进 *PPARγ* 基因过表达奶牛乳腺上皮细胞的乳脂肪合成。

本书表明,与正常的奶牛乳腺上皮细胞相比,*PPARγ* 基因沉默、*PPARγ* 基因过表达的奶牛乳腺上皮细胞对长链脂肪酸软脂酸的需求浓度也发生一定的改变。Kadegowda 等人的研究表明,软脂酸对牛乳腺上皮细胞脂肪合成基因转录的影响部分是通过活化 PPARγ 引起的。Kadegowda 等人发现,软脂酸能显著提高 Lipin1 的表达,Lipin1 通过释放抑制因子并招募共激活因子而作为关键 PPARγ 活性调控因子发挥生物作用。这为软脂酸可以提高 PPARγ 的活性提供了证据。本书表明,适当浓度的软脂酸可能通过其他信号分子促进 *PPARγ* 基因沉默、*PPARγ* 基因过表达奶牛乳腺上皮细胞的 PPARγ 表达,进而通过直接与 PPARγ 结合或者通过 Lipin1 活化 PPARγ,从而调控乳脂肪合成相关基因和蛋白的表达。

4.8 硬脂酸对 *PPARγ* 基因沉默和 *PPARγ* 基因过表达乳腺上皮细胞乳脂肪合成的影响

4.8.1 硬脂酸对 *PPARγ* 基因沉默乳腺上皮细胞乳脂肪合成的影响

4.8.1.1 细胞培养液中 TAG 含量

分别向空白对照组、阴性对照组和 *PPARγ* 干扰组添加不同浓度的硬脂酸,每个处理设置 5 个平行试样,在 *PPARγ* siRNA oligo 转染奶牛乳腺上皮细胞 48 h 后,检测各组细胞培养液中的 TAG 含量,结果如图 4-36 所示:添加 125 μmol/L 硬脂酸的空白对照组及阴性对照组的 TAG 含量大于其他浓度硬脂酸处理的空白对照组及阴性对照组($P < 0.05$);添加不同浓度硬脂酸的 *PPARγ* 干扰组的 TAG 含量均小于相应的空白对照组及阴性对照组($P < 0.05$);添加 150 μmol/L 硬脂酸的 *PPARγ* 干扰组的 TAG 含量大于其他浓度硬脂酸处理的 *PPARγ* 干扰组($P < 0.05$)。所以,我们在后续实验中选择添加 150 μmol/L 的硬脂酸,研究其对 *PPARγ* 基因沉默奶牛乳腺上皮细胞乳脂肪合成的影响。

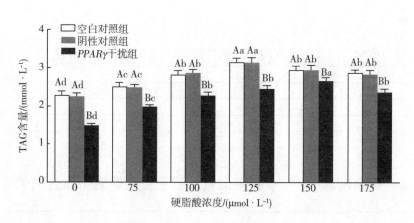

图 4 – 36　不同浓度的硬脂酸对 *PPARγ* 基因沉默奶牛乳腺上皮细胞培养液中

TAG 含量的影响

注:数据均以"平均值 ± 标准差"表示,实验重复 5 次。由不同浓度的硬脂酸处理的同一实验组用小写字母标注,小写字母不同表示差异显著($P<0.05$),小写字母相同表示差异不显著($P>0.05$);由同一浓度的硬脂酸处理的不同实验组用大写字母标注,大写字母不同表示差异显著($P<0.05$),大写字母相同表示差异不显著($P>0.05$)。

4.8.1.2　最佳浓度的硬脂酸对 *PPARγ* 基因沉默奶牛乳腺上皮细胞乳脂肪合成相关基因表达的影响

PPARγ siRNA oligo 转染 48 h 后,采用 qRT – PCR 检测奶牛乳腺上皮细胞相关基因的表达情况,如图 4 – 37 所示。

如图 4 – 37(a)所示:与空白对照组和阴性对照组相比,硬脂酸组、阴性对照 + 硬脂酸组 *CD36*、*FABP3*、*ACSL1*、*ACSS2* 的 mRNA 表达水平显著升高($P<0.05$);与空白对照组和阴性对照组相比,*PPARγ* 干扰组 *CD36*、*FABP3*、*ACSL1* 的 mRNA 表达水平显著降低($P<0.05$);与硬脂酸组和阴性对照 + 硬脂酸组相比,*PPARγ* 干扰 + 硬脂酸组 *CD36*、*FABP3*、*ACSL1* 的 mRNA 表达水平显著降低($P<0.05$);与 *PPARγ* 干扰组相比,*PPARγ* 干扰 + 硬脂酸组 *CD36*、*FABP3*、*ACSL1* 的 mRNA 表达水平显著升高($P<0.05$);空白对照组、阴性对照组和 *PPARγ* 干扰组间 *ACSS2* 的 mRNA 表达水平无显著差异($P>0.05$);与硬脂酸组和阴性对照 + 硬脂酸组相比,*PPARγ* 干扰 + 硬脂酸组间 *ACSS2* 的 mRNA 表达水平显著降低($P < 0.05$);与 $PPAR\gamma$ 干扰组相比,硬脂酸组、阴性对照 + 硬脂酸组和 $PPAR\gamma$ 干扰 + 硬脂酸组 ACSS2 的 mRNA 表达水平均显著升高($P < 0.05$)。

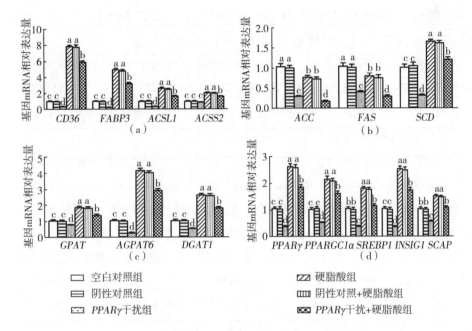

（a）
（b）
（c）
（d）

□ 空白对照组   ▨ 硬脂酸组
▤ 阴性对照组   ▥ 阴性对照+硬脂酸组
▨ $PPAR\gamma$干扰组   ▨ $PPAR\gamma$干扰+硬脂酸组

图 4 – 37　硬脂酸对 $PPAR\gamma$ 基因沉默奶牛乳腺上皮
细胞乳脂肪合成相关基因表达的影响

注:(a)为硬脂酸对 $PPAR\gamma$ 基因沉默奶牛乳腺上皮细胞脂肪酸摄取、转运、活化相关基因表达水平的影响;(b)为硬脂酸对 $PPAR\gamma$ 基因沉默奶牛乳腺上皮细胞脂肪酸从头合成、去饱和相关基因表达水平的影响;(c)为硬脂酸对 $PPAR\gamma$ 基因沉默奶牛乳腺上皮细胞 TAG 合成相关基因表达水平的影响;(d)为硬脂酸对 $PPAR\gamma$ 基因沉默奶牛乳腺上皮细胞乳脂肪合成转录调控相关基因表达水平的影响。数据均以"平均值 ± 标准差"表示,实验重复 5 次。小写字母不同表示差异显著($P < 0.05$);小写字母相同表示差异不显著($P > 0.05$)。

如图 4 – 37(b)所示:与空白对照组和阴性对照组相比,硬脂酸组、阴性对照 + 硬脂酸组 SCD 的 mRNA 表达水平显著升高($P < 0.05$),但 ACC 和 FAS 的 mRNA 表达水平显著降低($P < 0.05$);与空白对照组和阴性对照组相比,$PPAR\gamma$ 干扰组 ACC、FAS、SCD 的 mRNA 表达水平显著降低($P < 0.05$);与硬脂酸组和阴性对照 + 硬脂酸组相比,$PPAR\gamma$ 干扰 + 硬脂酸组 ACC、FAS、SCD 的 mRNA 表

达水平显著降低($P<0.05$);与 $PPAR\gamma$ 干扰组相比,$PPAR\gamma$ 干扰 + 硬脂酸组 ACC、FAS 的 mRNA 表达水平显著降低($P<0.05$),而 SCD 的 mRNA 表达水平显著升高($P<0.05$)。

如图 4 - 37(c)所示:与空白对照组和阴性对照组相比,硬脂酸组、阴性对照 + 硬脂酸组 $GPAT$、$AGPAT6$、$DGAT1$ 的 mRNA 表达水平显著升高($P<0.05$);与空白对照组和阴性对照组相比,$PPAR\gamma$ 干扰组 $GPAT$、$AGPAT6$、$DGAT1$ 的 mRNA 表达水平显著降低($P<0.05$);与硬脂酸组和阴性对照 + 硬脂酸组相比,$PPAR\gamma$ 干扰 + 硬脂酸组 $GPAT$、$AGPAT6$、$DGAT1$ 的 mRNA 表达水平显著降低($P<0.05$);与 $PPAR\gamma$ 干扰组相比,$PPAR\gamma$ 干扰 + 硬脂酸组 $GPAT$、$AGPAT6$、$DGAT1$ 的 mRNA 表达水平显著升高($P<0.05$)。

如图 4 - 37(d)所示:与空白对照组和阴性对照组相比,硬脂酸组、阴性对照 + 硬脂酸组 $PPAR\gamma$、$PPARGC1\alpha$、$SREBP1$、$INSIG1$、$SCAP$ 的 mRNA 表达水平显著升高($P<0.05$);与空白对照组和阴性对照组相比,$PPAR\gamma$ 干扰组 $PPAR\gamma$、$PPARGC1\alpha$、$SREBP1$、$INSIG1$、$SCAP$ 的 mRNA 表达水平显著降低($P<0.05$);与硬脂酸组和阴性对照 + 硬脂酸组相比,$PPAR\gamma$ 干扰 + 硬脂酸组 $PPAR\gamma$、$PPARGC1\alpha$、$SREBP1$、$INSIG1$、$SCAP$ 的 mRNA 表达水平显著降低($P<0.05$);与 $PPAR\gamma$ 干扰组相比,$PPAR\gamma$ 干扰 + 硬脂酸组 $PPAR\gamma$、$PPARGC1\alpha$、$SREBP1$、$INSIG1$、$SCAP$ 的 mRNA 表达水平显著升高($P<0.05$)。

4.8.1.3 最佳浓度的硬脂酸对 $PPAR\gamma$ 基因沉默奶牛乳腺上皮细胞乳脂肪合成转录调控因子蛋白表达的影响

$PPAR\gamma$ siRNA oligo 转染 48 h 后,提取总蛋白,采用 Western blotting 检测奶牛乳腺上皮细胞乳脂肪合成转录调控因子的蛋白表达情况,结果如图 4 - 38 所示:与空白对照组和阴性对照组相比,硬脂酸组、阴性对照 + 硬脂酸组 PPARγ、SREBP1 的蛋白表达水平显著升高($P<0.05$);与空白对照组和阴性对照组相比,$PPAR\gamma$ 干扰组 PPARγ、SREBP1 的蛋白表达水平显著降低($P<0.05$);与硬脂酸组和阴性对照 + 硬脂酸组相比,$PPAR\gamma$ 干扰 + 硬脂酸组 PPARγ、SREBP1 的蛋白表达水平显著降低($P<0.05$);与 $PPAR\gamma$ 干扰组相比,$PPAR\gamma$ 干扰 + 硬脂酸组 PPARγ、SREBP1 的蛋白表达水平显著升高($P<0.05$)。

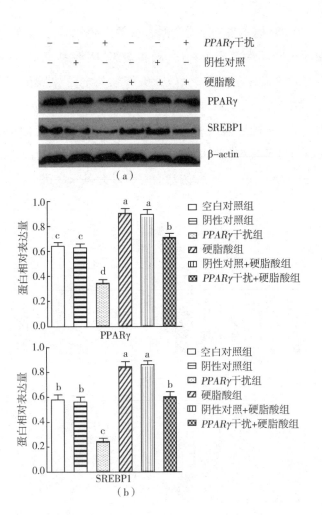

图4-38 硬脂酸对 *PPARγ* 基因沉默奶牛乳腺上皮细胞乳脂肪合成转录调控因子
蛋白表达的影响

注:(a)为奶牛乳腺上皮细胞乳脂肪合成转录调控因子 Western blotting 分析结果,β-actin 为内参蛋白;(b)为奶牛乳腺上皮细胞乳脂肪合成转录调控因子蛋白相对表达量。数据均以"平均值±标准差"表示,实验重复5次。小写字母不同表示差异显著($P < 0.05$);小写字母相同表示差异不显著($P > 0.05$)。

4.8.1.4 最佳浓度的硬脂酸对 *PPARγ* 基因沉默奶牛乳腺上皮细胞乳脂肪合成关键酶活力的影响

PPARγ siRNA oligo 转染48 h后,分别用 GPAT、AGPAT6、DGAT1 酶活力检

测试剂盒检测奶牛乳腺上皮细胞乳脂肪合成关键酶的活力,结果如图4－39所示:与空白对照组和阴性对照组相比,硬脂酸组、阴性对照＋硬脂酸组 GPAT、AGPAT6、DGAT1 的酶活力显著增大($P < 0.05$);与空白对照组和阴性对照组相比,$PPARγ$ 干扰组 GPAT、AGPAT6、DGAT1 的酶活力显著减小($P < 0.05$);与硬脂酸组和阴性对照＋硬脂酸组相比,$PPARγ$ 干扰＋硬脂酸组 GPAT、AGPAT6、DGAT1 的酶活力显著减小($P < 0.05$);与 $PPARγ$ 干扰组相比,$PPARγ$ 干扰＋硬脂酸组 GPAT、AGPAT6、DGAT1 的酶活力显著增大($P < 0.05$)。

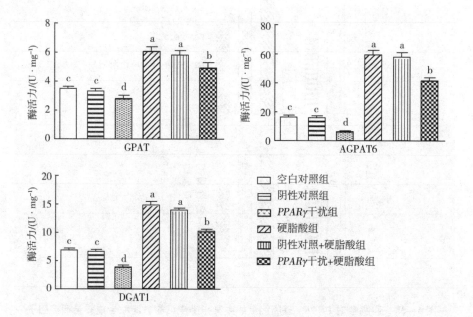

图4－39　硬脂酸对 $PPARγ$ 基因沉默奶牛乳腺上皮细胞乳脂肪合成关键酶活力的影响

注:数据均以"平均值 ± 标准差"表示,实验重复 5 次。小写字母不同表示差异显著($P < 0.05$);小写字母相同表示差异不显著($P > 0.05$)。

4.8.2 硬脂酸对*PPARγ*基因过表达乳腺上皮细胞乳脂肪合成的影响

4.8.2.1 细胞培养液中TAG含量

分别向非转染组、pGCMV – IRES – EGFP空载体组和*PPARγ*过表达组添加不同浓度的硬脂酸,每个处理设置5个平行试样,将奶牛乳腺上皮细胞培养48 h后,检测各组细胞培养液中TAG含量的变化,结果如图4 – 40所示:添加125 μmol/L硬脂酸的非转染组和pGCMV – IRES – EGFP空载体组的TAG含量大于其他浓度的硬脂酸处理的非转染组及pGCMV – IRES – EGFP空载体组($P < 0.05$);添加不同浓度的硬脂酸的*PPARγ*过表达组的TAG含量均大于相应的非转染组和pGCMV – IRES – EGFP空载体组($P < 0.05$);添加100 μmol/L硬脂酸的*PPARγ*过表达组的TAG含量大于其他浓度的硬脂酸处理的*PPARγ*过表达组($P < 0.05$)。所以,我们在后续实验中选择添加100 μmol/L的硬脂酸,研究其对*PPARγ*基因过表达奶牛乳腺上皮细胞乳脂肪合成的影响。

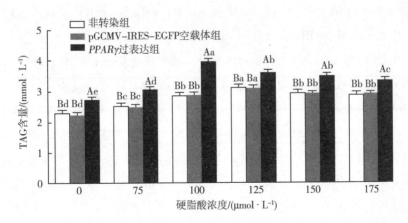

图4 – 40 不同浓度的硬脂酸对*PPARγ*基因过表达奶牛乳腺上皮细胞培养液中

TAG含量的影响

注:数据均以"平均值±标准差"表示,实验重复5次。由不同浓度的硬脂酸处理的同一实验组用小写字母标注,小写字母不同表示差异显著($P < 0.05$),小写字母相同表示差异不

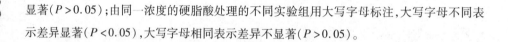

显著($P > 0.05$);由同一浓度的硬脂酸处理的不同实验组用大写字母标注,大写字母不同表示差异显著($P < 0.05$),大写字母相同表示差异不显著($P > 0.05$)。

4.8.2.2 最佳浓度的硬脂酸对 *PPARγ* 基因过表达奶牛乳腺上皮细胞乳脂肪合成相关基因表达的影响

pGCMV – IRES – EGFP – PPARγ 转染 48 h 后,采用 qRT – PCR 检测奶牛乳腺上皮细胞相关基因的表达情况,如图 4 – 41 所示。

如图 4 – 41(a)所示:与非转染组和 pGCMV – IRES – EGFP 空载体组相比,硬脂酸组和 pGCMV – IRES – EGFP + 硬脂酸组 *CD36*、*FABP3*、*ACSL1*、*ACSS2* 的 mRNA 表达水平显著升高($P < 0.05$);与非转染组和 pGCMV – IRES – EGFP 空载体组相比,*PPARγ* 过表达组 *CD36*、*FABP3*、*ACSL1* 的 mRNA 表达水平显著升高($P < 0.05$),但 *ACSS2* 的 mRNA 表达水平差异不显著($P > 0.05$);与硬脂酸组和 pGCMV – IRES – EGFP + 硬脂酸组相比,*PPARγ* 过表达 + 硬脂酸组 *CD36*、*FABP3*、*ACSL1*、*ACSS2* 的 mRNA 表达水平显著升高($P < 0.05$);与 *PPARγ* 过表达组相比,*PPARγ* 过表达 + 硬脂酸组 *CD36*、*FABP3*、*ACSL1*、*ACSS2* 的 mRNA 表达水平显著升高($P < 0.05$)。

如图 4 – 41(b)所示:与非转染组和 pGCMV – IRES – EGFP 空载体组相比,硬脂酸组和 pGCMV – IRES – EGFP + 硬脂酸组 *SCD* 的 mRNA 表达水平显著升高($P < 0.05$),但 *ACC* 和 *FAS* 的 mRNA 表达水平显著降低($P < 0.05$);与非转染组和 pGCMV – IRES – EGFP 空载体组相比,*PPARγ* 过表达组 *ACC*、*FAS*、*SCD* 的 mRNA 表达水平显著升高($P < 0.05$);与硬脂酸组和 pGCMV – IRES – EGFP + 硬脂酸组相比,*PPARγ* 过表达 + 硬脂酸组 *ACC*、*FAS*、*SCD* 的 mRNA 表达水平显著升高($P < 0.05$);与 *PPARγ* 过表达组相比,*PPARγ* 过表达 + 硬脂酸组 *SCD* 的 mRNA 表达水平显著升高($P < 0.05$),但 *ACC* 和 *FAS* 的 mRNA 表达水平显著降低($P < 0.05$)。

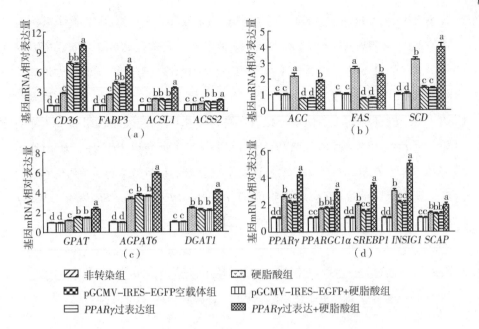

图4-41　硬脂酸对 *PPARγ* 基因过表达奶牛乳腺上皮

细胞乳脂肪合成相关基因表达的影响

注:(a)为硬脂酸对 *PPARγ* 基因过表达奶牛乳腺上皮细胞脂肪酸摄取、转运、活化相关基因表达水平的影响;(b)为硬脂酸对 *PPARγ* 基因过表达奶牛乳腺上皮细胞脂肪酸从头合成、去饱和相关基因表达水平的影响;(c)为硬脂酸对 *PPARγ* 基因过表达奶牛乳腺上皮细胞TAG合成相关基因表达水平的影响;(d)为硬脂酸对 *PPARγ* 基因过表达奶牛乳腺上皮细胞乳脂肪合成转录调控相关基因表达水平的影响。数据均以"平均值 ± 标准差"表示,实验重复5次。小写字母不同表示差异显著($P < 0.05$);小写字母相同表示差异不显著($P > 0.05$)。

如图4-41(c)所示:与非转染组和pGCMV-IRES-EGFP空载体组相比,硬脂酸组、pGCMV-IRES-EGFP+硬脂酸组 *GPAT*、*AGPAT6*、*DGAT1* 的 mRNA表达水平显著升高($P < 0.05$);与非转染组和pGCMV-IRES-EGFP空载体组相比,*PPARγ* 过表达组 *GPAT*、*AGPAT6*、*DGAT1* 的 mRNA表达水平显著升高($P < 0.05$);与硬脂酸组和pGCMV-IRES-EGFP+硬脂酸组相比,*PPARγ* 过表达+硬脂酸组 *GPAT*、*AGPAT6*、*DGAT1* 的 mRNA表达水平显著升高($P < 0.05$);与 *PPARγ* 过表达组相比,*PPARγ* 过表达+硬脂酸组 *GPAT*、*AGPAT6*、*DGAT1* 的 mRNA表达水平显著升高($P < 0.05$)。

如图4-41(d)所示:与非转染组和 pGCMV-IRES-EGFP 空载体组相比,硬脂酸组、pGCMV-IRES-EGFP+硬脂酸组 *PPARγ*、*PPARGC1α*、*SREBP1*、*INSIG1*、*SCAP* 的 mRNA 表达水平显著升高($P<0.05$);与非转染组和 pGCMV-IRES-EGFP 空载体组相比,*PPARγ* 过表达组 *PPARγ*、*PPARGC1α*、*SREBP1*、*INSIG1*、*SCAP* 的 mRNA 表达水平显著升高($P<0.05$);与硬脂酸组和 pGCMV-IRES-EGFP+硬脂酸组相比,*PPARγ* 过表达+硬脂酸组 *PPARγ*、*PPARGC1α*、*SREBP1*、*INSIG1*、*SCAP* 的 mRNA 表达水平显著升高($P<0.05$);与 *PPARγ* 过表达组相比,*PPARγ* 过表达+硬脂酸组 *PPARγ*、*PPARGC1α*、*SREBP1*、*INSIG1*、*SCAP* 的 mRNA 表达水平显著升高($P<0.05$)。

4.8.2.3 最佳浓度的硬脂酸对 *PPARγ* 基因过表达奶牛乳腺上皮细胞乳脂肪合成转录调控因子蛋白表达的影响

pGCMV-IRES-EGFP-PPARγ 转染 48 h 后,提取总蛋白,采用 Western blotting 检测奶牛乳腺上皮细胞乳脂肪合成转录调控因子的蛋白表达情况,结果如图4-42所示:与非转染组和 pGCMV-IRES-EGFP 空载体组相比,硬脂酸组、pGCMV-IRES-EGFP+硬脂酸组 PPARγ、SREBP1 的蛋白表达水平显著升高($P<0.05$);与非转染组和 pGCMV-IRES-EGFP 空载体组相比,*PPARγ* 过表达组 PPARγ、SREBP1 的蛋白表达水平显著升高($P<0.05$);与硬脂酸组和 pGCMV-IRES-EGFP+硬脂酸组相比,*PPARγ* 过表达+硬脂酸组 PPARγ、SREBP1 的蛋白表达水平显著升高($P<0.05$);与 *PPARγ* 过表达组相比,*PPARγ* 过表达+硬脂酸组 PPARγ、SREBP1 的蛋白表达水平显著升高($P<0.05$)。

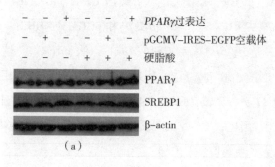

(a)

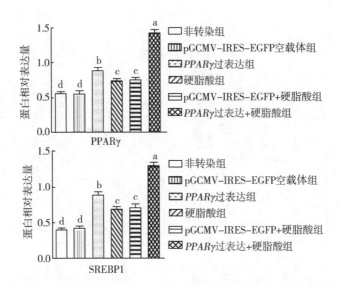

图4-42　硬脂酸对*PPARγ*基因过表达奶牛乳腺上皮细胞乳脂肪合成转录调控因子蛋白表达的影响

注：（a）为奶牛乳腺上皮细胞乳脂肪合成转录调控因子 Western blotting 检测结果，β-actin 为内参蛋白；（b）为奶牛乳腺上皮细胞乳脂肪合成转录调控因子蛋白相对表达量。数据均以"平均值±标准差"表示，实验重复5次。小写字母不同表示差异显著（$P < 0.05$）；小写字母相同表示差异不显著（$P > 0.05$）。

4.8.2.4　最佳浓度的硬脂酸对*PPARγ*基因过表达奶牛乳腺上皮细胞乳脂肪合成关键酶活力的影响

pGCMV-IRES-EGFP-PPARγ 转染 48 h 后，分别用 GPAT、AGPAT6、DGAT1 酶活力检测试剂盒检测奶牛乳腺上皮细胞乳脂肪合成关键酶的活力，结果如图4-43所示：与非转染组和 pGCMV-IRES-EGFP 空载体组相比，硬脂酸组和 pGCMV-IRES-EGFP+硬脂酸组 GPAT、AGPAT6、DGAT1 的酶活力显著增大（$P < 0.05$）；与非转染组和 pGCMV-IRES-EGFP 空载体组相比，*PPARγ* 过表达组 GPAT、AGPAT6、DGAT1 的酶活力显著增大（$P < 0.05$）；与硬脂酸组和 pGCMV-IRES-EGFP+硬脂酸组相比，*PPARγ* 过表达+硬脂酸组 GPAT、AGPAT6、DGAT1 的酶活力显著增大（$P < 0.05$）；与 *PPARγ* 过表达组相比，*PPARγ* 过表达+硬脂酸组 GPAT、AGPAT6、DGAT1 的酶活力显著增大（$P < 0.05$）。

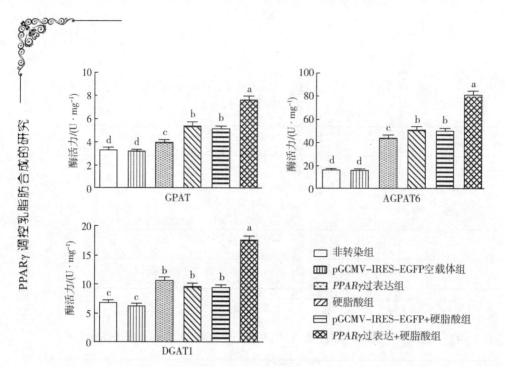

图4-43　硬脂酸对 *PPARγ* 基因过表达奶牛乳腺上皮细胞乳脂肪合成关键酶活力的影响

注:数据均以"平均值±标准差"表示,实验重复5次。小写字母不同表示差异显著($P < 0.05$);小写字母相同表示差异不显著($P > 0.05$)。

4.8.3　硬脂酸对 *PPARγ* 基因沉默、*PPARγ* 基因过表达乳腺上皮细胞乳脂肪合成影响的分析

本书发现,*PPARγ* 基因沉默奶牛乳腺上皮细胞对硬脂酸的需求浓度发生改变。125 μmol/L 的硬脂酸使正常奶牛乳腺上皮细胞分泌的 TAG 最多,而150 μmol/L 的硬脂酸使 *PPARγ* 基因沉默奶牛乳腺上皮细胞分泌的 TAG 最多。用 150 μmol/L 的硬脂酸作用于 *PPARγ* 基因沉默奶牛乳腺上皮细胞,发现与未添加硬脂酸的 *PPARγ* 基因沉默奶牛乳腺上皮细胞相比,硬脂酸促进 *PPARγ* 基因沉默奶牛乳腺上皮细胞脂肪酸摄取、转运、活化相关基因(*CD36*、*FABP3*、*ACSL1*、*ACSS2*)与脂肪酸去饱和相关基因(*SCD*)的表达,显著提高 TAG 合成相关基因(*GPAT*、*AGPAT6*、*DGAT1*)的 mRNA 表达水平及酶活力,同时能显著促进乳脂肪合成转录调控相关基因(*PPARγ*、*PPARGC1α*、*SREBP1*、*INSIG1* 和 *SCAP*)及相关蛋白(PPARγ 和 SREBP1)表达,但硬脂酸显著抑制脂肪酸从头合成相关

基因(*ACC* 和 *FAS*)的表达。本书结果表明,硬脂酸对 *PPAR*γ 基因沉默奶牛乳腺上皮细胞乳脂肪合成也起到正向调控作用。

本书表明,对于 *PPAR*γ 基因过表达奶牛乳腺上皮细胞,100 μmol/L 的硬脂酸比其他浓度的硬脂酸更能促进细胞分泌 TAG,而正常的奶牛乳腺上皮细胞对硬脂酸的最佳需求浓度为 125 μmol/L。这说明,*PPAR*γ 基因过表达奶牛乳腺上皮细胞合成乳脂肪时对硬脂酸的需求浓度也发生改变。本书发现,与未添加硬脂酸的 *PPAR*γ 基因过表达奶牛乳腺上皮细胞相比,用 100 μmol/L 的硬脂酸作用于 *PPAR*γ 基因过表达奶牛乳腺上皮细胞后,脂肪酸转运及活化相关基因(*CD36*、*FABP3*、*ACSL1*、*ACSS2*)、脂肪酸去饱和相关基因(*SCD*)、TAG 合成基因(*GPAT*、*AGPAT6*、*DGAT1*)、转录调控相关基因(*PPAR*γ、*PPARGC1*α、*SREBP1*、*INSIG1* 和 *SCAP*)的 mRNA 表达水平和转录调控相关蛋白(PPARγ、SREBP1)的表达水平、TAG 合成酶活力都显著升高。这些结果表明,硬脂酸也能调控 *PPAR*γ 基因过表达奶牛乳腺上皮细胞乳脂肪的合成,并主要起到正向调控作用。

本书表明,与正常的奶牛乳腺上皮细胞相比,*PPAR*γ 基因沉默、*PPAR*γ 基因过表达的奶牛乳腺上皮细胞对长链脂肪酸硬脂酸的需求浓度发生改变。Kliewer 等人发现,长链饱和脂肪酸(C14～C18)能与 PPARγ 结合。有研究表明,对于非反刍动物,大多数长链脂肪酸是 PPARγ 的天然配体,能与 PPARγ 结合引起脂肪合成相关基因表达变化。Thoennes 等人的研究表明,硬脂酸作用于 MCF-7 和 MDA-MB-231 细胞能促进 PPARγ 的转录、激活。本书发现,适当浓度的硬脂酸能提高 *PPAR*γ 基因沉默、*PPAR*γ 基因过表达的奶牛乳腺上皮细胞乳脂肪合成相关基因和蛋白的表达水平。这可能是由于硬脂酸先通过 PPARγ 的上游信号分子促进 PPARγ 表达,然后硬脂酸与 PPARγ 结合,活化的 PPARγ 调控乳脂肪合成。

总之,本书发现,*PPAR*γ 基因沉默、*PPAR*γ 基因过表达的奶牛乳腺上皮细胞对乙酸钠、β-羟丁酸钠、乙酸钠和 β-羟丁酸钠混合物、软脂酸、硬脂酸的需求浓度发生改变,大体表现为与正常奶牛乳腺上皮细胞对各脂肪酸的需求浓度相比,*PPAR*γ 基因沉默的奶牛乳腺上皮细胞对各脂肪酸的需求浓度增大,而 *PPAR*γ 过表达的奶牛乳腺上皮细胞对各脂肪酸的需求浓度减小。同时,一定浓度的脂肪酸对 *PPAR*γ 基因沉默、*PPAR*γ 基因过表达的奶牛乳腺上皮细胞中大多数乳脂肪合成相关基因、关键酶和转录调控因子的表达起到一定的正向调控作用,这进一步说明脂肪酸通过与 PPARγ 互作而调控乳脂肪的合成。本书揭示了 *PPARγ* 基因沉默、*PPARγ* 基因过表达的奶牛乳腺上皮细胞对脂肪酸需求浓度发生改变后细胞内乳脂肪的合成情况。因此,本书使奶牛乳腺上皮细胞乳脂肪合成对营养物质需求量的关系建立在更科学合理的分子机理基础之上,本书实验结果为奶牛营养基因组学的研究提供了一定的理论依据。

4.9　PPARγ 对乳脂肪合成的影响

PPARγ 已经被证实能直接调控人与鼠脂肪细胞的增殖和分化。从妊娠期到泌乳期,奶牛 PPARγ 的表达明显增加,说明它对调控乳脂肪合成也发挥潜在的作用。本书运用基因沉默及基因过表达技术深入分析转录因子 PPARγ 对奶牛乳腺上皮细胞乳脂肪合成的影响。

4.9.1　*PPARγ* 基因沉默对乳腺上皮细胞乳脂肪合成的影响

RNA 干扰是指,通过反义 RNA 与正链 RNA 形成互补双链 RNA,进而特异性地抑制靶基因转录,通过人工合成并引入与靶基因具有互补序列的 RNA,阻止目的基因表达。但是,由于人工设计的 siRNA 并不能保证 100% 起到抑制相应基因转录的作用,所以一般在 RNA 干扰实验后先采用 qRT - PCR 检测细胞中目的基因的 mRNA 表达水平,从而判定 RNA 干扰效果是否有效,然后采用 RT - PCR 检测其他乳脂肪合成相关基因的表达,采用 Western blotting 检测乳脂肪合成关键转录调控因子的表达,用酶活力试剂盒检测 TAG 合成关键酶的活力,从而说明 PPARγ 对奶牛乳腺上皮细胞乳脂肪合成的影响。本书发现,奶牛乳腺上皮细胞 *PPARγ* 基因沉默后,*CD36*、*FABP3*、*ACSL1* 的 mRNA 表达水平显著降低。*CD36*、*LPL*、*FABP4*、*ACSL1* 是非反刍动物 PPARγ 的已知目标基因,本书表明 PPARγ 也参与调控反刍动物乳腺上皮细胞脂肪酸摄取、转运和长链脂肪酸的胞内活化过程。

奶牛乳腺上皮细胞 *PPARγ* 基因沉默后,脂肪酸从头合成酶基因 *ACC*、*FAS*

和脂肪酸去饱和酶基因 *SCD* 的 mRNA 表达水平也显著降低。Lee 等人的研究表明,灌注丙酸盐的绵羊脂肪组织中 LPL、ACC、FAS、PPARγ 的表达水平同时升高,表明 PPARγ 可能发挥调控作用。有研究表明,牛乳腺上皮细胞中的 SREBP1 被认为能调控 FAS 和 SCD 的表达,并对乳脂肪合成发挥重要作用。我们推测,反刍动物乳腺上皮细胞中可能存在两个不同的信号通路调控脂肪酸的从头合成:其中一条途径是通过 PPARγ 直接调控;另一条途径可能是在 PPARγ 的间接调控下,通过 SREBP1 调控 FAS 和 ACC 的转录。

PPARγ 除了能调控脂肪酸从头合成外,还能调控 TAG 的合成和分泌。PPARγ 能调控脂肪细胞中 TAG 的合成、积聚,进而控制脂肪细胞的分化过程。本书发现,乳腺上皮细胞 *PPARγ* 沉默后,TAG 合成酶基因 *GPAT*、*AGPAT6*、*DGAT1* 的 mRNA 表达水平和酶活力显著降低,这表明 PPARγ 除了能调控脂肪细胞外,还能调控乳腺上皮细胞 TAG 的合成。

小鼠脂肪细胞中的 PPARγ 能通过调控胰岛素诱导基因 1(*INSIG1*)的表达而间接调控 SREBP1 蛋白活性,但它能直接调控 *SREBP1* 的基因表达。奶山羊乳腺上皮细胞敲除 *PPARγ* 会使 SREBP1、SCAP 的表达水平分别降低 50% 和 43%。我们的实验结果在一定程度上与该实验结果是一致的。我们也观察到,*PPARγ* 沉默的奶牛乳腺上皮细胞中转录调控相关因子 SREBP1、INSIG1、SCAP、PPARGC1α 的基因表达水平和蛋白表达水平显著降低。这些结果表明,PPARγ 可能是乳脂肪合成的主要调控因子,它既能调控核转录因子 SREBP1 的表达,也能影响乳脂肪合成过程中其他相关蛋白的表达。

4.9.2　*PPARγ* 基因过表达对乳腺上皮细胞乳脂肪合成的影响

基因过表达是指,通过转染使目标基因在指定宿主细胞中过表达,然后检测细胞的形态、生长、凋亡、周期、相关基因及蛋白表达变化等代谢生化指标,从而分析该基因的功能。本书实验用特殊的质粒 pGCMV - IRES - EGFP 真核表达载体进行细胞转染。向 pGCMV - IRES - EGFP 中加入增强绿色荧光蛋白基因 *EGFP* 和 *IRES* 基因,可确保插入的目的基因与 *EGFP* 共同转录,同时能使翻译出来的 IRES - EGFP 与目的蛋白分离,这些设计有助于实验人员监测质粒的转染效率。本书用脂质体转染试剂将 pGCMV - IRES - EGFP - PPARγ 真核表达载体转入奶牛乳腺上皮细胞后,采用 qRT - PCR 检测 *PPARγ* 基因的 mRNA 表达水平,从而判定基因过表达实验是否有效,然后采用 qRT - PCR 和 Western blotting 检测其他乳脂肪合成相关基因的表达、TAG 合成酶活力及乳脂肪合成转录调控因子的表达,从而进一步揭示 PPARγ 的目标基因及其对奶牛乳腺上皮细胞乳脂肪合成的影响。我们的研究结果表明,奶牛乳腺上皮细胞 *PPARγ* 过表达后,除了短链 *ACSS2* 没有显著变化外,其他脂肪酸摄取、转运和胞内活化相关蛋白基因(*CD36*、*FABP3*、*ACSL1*),脂肪酸从头合成酶基因(*ACC* 和 *FAS*),以及脂肪酸去饱和酶基因(*SCD*)的 mRNA 表达水平显著升高,且 TAG 合成关键酶基因(*GPAT*、*AGPAT6*、*DGAT*)的 mRNA 表达水平及酶活力显著提高。*PPARγ* 过表达也能显著促进乳脂肪合成转录调控因子 SREBP1 及其活化因子 INSIG1、SCAP,以及 PPARγ 共活化物 PPARGC1α 的基因表达及蛋白表达。本书研究结果表明,奶牛乳腺上皮细胞中的这些基因可能是乳脂肪合成转录调控因子 PPARγ 的潜在目标基因,而且在奶牛乳脂肪合成的基因网络中,*PPARγ* 能协调 *PPARGC1α*、*INSIG1*、*SCAP*,并控制 *SREBF1* 的表达,进而对大多数基因转录发挥重要的调控作用,这也与前人的研究结果基本一致。相关研究用罗格列酮(ROSI)——一种对 PPARγ 有很高亲和性、能显著增强 PPARγ 活性的化学合成配体,来处理小鼠和人的脂肪组织,发现 ACC、FAS、SCD、DGAT1、FABP3 的表达水平显著提高。Shi 等人的研究表明,ROSI 处理的奶山羊乳腺上皮细胞的 *ACC*、*FAS*、*SCD*、*FABP3*、*LPL* 及与脂滴形成有关的基因的表达水平明显升高,且转录调控因子 *SREBP1*、肝脏 X 受体 α 的 mRNA 表达水平升高,说明它们可能是 PPARγ 的目标基因。滑留帅也证实,原代肌肉细胞 *PPARγ* 过表达有助于肌内脂肪的生成,*PPARγ* 过表达能极大地提高 *PGC1α* 的表达水平,大约为未过表达 *PPARγ* 组的 141 倍。然而,有研究表明,ROSI 作用于奶牛乳腺上皮细胞 12 h,对长链脂肪酸摄取或胞内活化、转运相关基因(包括 *LPL*)的表达没有影响。本书认为,这些相反的结果可能与动物品种、细胞种类及处理时间的不同有关。总之,奶牛乳腺上皮细胞 *PPARγ* 基因过表达的实验结果进一步证实,*PPARγ* 在奶牛乳脂肪合成的基因网络中处于核心位置,并发挥枢纽作用,调控乳脂肪的合成。

奶牛乳腺上皮细胞的 *PPARγ* 基因沉默和过表达研究表明,PPARγ 是奶牛乳脂肪合成的关键调控因子,其对奶牛乳脂肪合成的调控起到枢纽作用。奶牛乳腺组织转录因子 PPARγ 能直接或者通过激活其他转录调控因子（如SREBP1）而调控乳脂肪合成。

4.9.3 脂肪酸与 PPARγ 互作对乳腺上皮细胞乳脂肪合成的调控作用

通过实验,本书总结出脂肪酸与 PPARγ 互作对奶牛乳腺上皮细胞乳脂肪合成的调控作用,示意图如图 4-44 所示:乙酸钠、β-羟丁酸钠、乙酸钠和β-羟丁酸钠协同作用、软脂酸、硬脂酸能促进 PPARγ 的基因表达与蛋白表达,进而通过 PPARγ 调控乳脂肪合成转录调控相关基因（*SREBP*、*PPARGC1α*、*INSIG1*、*SCAP*）,脂肪酸摄取、转运和活化相关基因（*CD36*、*FABP3*、*ACSL1*、*ACSS2*）,脂肪酸从头合成、去饱和相关基因（*ACC*、*FAS*、*SCD*）,以及 TAG 合成相关基因（*GPAT*、*AGPAT6*、*DGAT1*）的表达;当奶牛乳腺上皮细胞的 *PPARγ* 基因表达发生改变后,奶牛乳腺上皮细胞对乙酸钠、β-羟丁酸钠、乙酸钠和 β-羟丁酸钠协同添加、软脂酸、硬脂酸的最佳需求浓度发生改变;各种脂肪酸可能通过 PPARγ 调控 *PPARγ* 基因表达发生改变的奶牛乳腺上皮细胞乳脂肪合成转录调控相关蛋白,脂肪酸摄取、转运、活化相关蛋白,脂肪酸从头合成、去饱和相关蛋白,以及 TAG 合成相关蛋白和关键酶的表达,这进一步说明脂肪酸通过与 PPARγ 相互作用调控乳脂肪合成。

综上所述,本书研究结果表明:(1)奶牛乳腺上皮细胞模型乳脂肪合成的理想模式为乙酸钠为 12 mmol/L,β-羟丁酸钠为 1.00 mmol/L,乙酸钠、β-羟丁酸钠协同作用理想模式为 8 mmol/L 乙酸钠与 1.00 mmol/L β-羟丁酸钠,软脂酸为 150 μmol/L、硬脂酸为 125 μmol/L;(2)乳脂肪合成前体物乙酸钠、β-羟丁酸钠、乙酸钠与 β-羟丁酸钠协同作用、软脂酸、硬脂酸通过促进奶牛乳腺上皮细胞 PPARγ 的 mRNA 表达、蛋白表达和活化,以及脂肪酸与 PPARγ 的相互作用,调控脂肪酸摄取、转运、活化相关蛋白,脂肪酸从头合成及去饱和酶,TAG 合成酶,以及乳脂肪合成转录调控因子的 mRNA 表达和蛋白表达,促进乳脂肪合成;(3)奶牛乳腺上皮细胞的 *PPARγ* 基因沉默和过表达研究表明,转录因子 PPARγ 是奶牛乳腺上皮细胞乳脂肪合成的关键转录调控因子,其对奶牛乳脂肪合成的调控起到枢纽作用;(4)*PPARγ* 基因沉默和过表达的奶牛乳腺上皮细对乳脂肪合成前体物乙酸钠、β-羟丁酸钠、乙酸钠与 β-羟丁酸钠混合物、软脂酸、硬脂酸的需求浓度发生改变,大体表现为与正常奶牛乳腺上皮细胞对各脂肪酸的需求浓度相比,*PPARγ* 基因沉默的奶牛乳腺上皮细胞对各脂肪酸的需求浓度增大,而 *PPARγ* 过表达的奶牛乳腺上皮细胞对各脂肪酸的需求浓度减小;(5)脂肪酸能调控 *PPARγ* 基因沉默和过表达的奶牛乳腺上皮细胞乳脂肪合成相关基因及蛋白的表达,这进一步说明脂肪酸通过与 PPARγ 相互作用调控乳脂肪的合成。

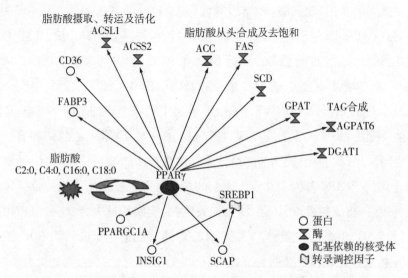

图 4-44 脂肪酸与 PPARγ 互作对乳脂肪合成的调控作用示意图

第 5 章　相关实验研究技术

5.1 奶牛乳腺组织乳脂肪合成相关基因和蛋白表达检测

5.1.1　qRT – PCR 检测乳脂肪合成相关基因表达

5.1.1.1　乳腺组织收集

取离体奶牛乳腺组织的深层组织,在冰上迅速切割成组织小块,用 0.1% DEPC 生理盐水清洗,快速装入经 DEPC 处理的冻存管,置于液氮中带回实验室,于 – 80 ℃超低温冰箱中冻存,用于提取组织 RNA。

5.1.1.2　乳腺组织总 RNA 提取

取 50～100 mg 冻存的奶牛乳腺组织,置于预冷研钵中研磨,在研磨过程中多次加入液氮,以确保组织研磨过程在超低温下进行,将组织充分研磨成粉末后加入 1 mL TRIzol 试剂混匀,快速转入 1.5 mL EP 管中,室温静置 5 min;加入预冷的氯仿 0.2 mL,剧烈振荡 15 s,然后室温静置 5 min;12 000 r/min 低温（4 ℃）离心 15 min;小心吸取上层液转入另一 EP 管中,加入 0.5 mL 预冷异丙醇,摇晃混匀,室温下作用 10 min,4 ℃下 12 000 r/min 离心 10 min;弃上清液,加入 1 mL 75% 预冷乙醇,漩涡振荡,4 ℃下 7 500 r/min 离心 5 min;弃上清液,室温下干燥沉淀;加入 80～100 μL 预冷无 RNase 的 DEPC 水溶解 RNA,提取的 RNA 于 – 80 ℃超低温冰箱中保存备用。

5.1.1.3　基因选取及引物设计

选取 15 个与乳脂肪合成代谢相关的基因,采用 qRT – PCR 检测不同泌乳状态奶牛乳腺中所选基因的表达情况。用 Primer Premier 5.0 软件和 Oligo 6 软件设计各相关基因的引物,用 BLAST 软件对设计出的引物序列进行同源性分析,以确保引物的特异性。qRT - PCR 检测的基因及引物见表 5 - 1。

表 5 - 1　qRT - PCR 检测的基因及引物

基因名称	GenBank 登录号	引物序列(5′—3′)	
CD36	NM_001046239.1	上游:	CCTATAACTGGATTTACTTTACGGTTTG
		下游:	GGCAGGTGGGAGGGAGTG
FABP3	NM_174313.2	上游:	GAACTCGACTCCCAGCTTGAA
		下游:	AAGCCTACCACAATCATCGAAG
ACSL1	NM_001076085.1	上游:	GTGGGCTCCTTTGAAGAACTGT
		下游:	ATAGATGCCTTTGACCTGTTCAAAT
ACSS2	NM_001105339.1	上游:	GGCGAATGCCTCTACTGCTT
		下游:	GGCCAATCTTTTCTCTAATCTGCTT
ACC	NM_174224.2	上游:	AGACAAACAGGGACCATT
		下游:	AGGGACTGCCGAAACAT
FAS	NM_001012669.1	上游:	CCACGGCTGTCGGTAAT
		下游:	CGCTCCCACTCATCCTG
SCD	NM_173959.4	上游:	CTGTGGAGTCACCGAACC
		下游:	TAGCGTGGAACCCTTTT
GPAT	NM_001012282.1	上游:	GCAGGTTTATCCAGTATGGCATT
		下游:	GGACTGATATCTTCCTGATCATCTTG
AGPAT6	NM_001083669.1	上游:	AAGCAAGTTGCCCATCCTCA
		下游:	AAACTGTGGCTCCAATTTCGA
DGAT1	NM_174693.2	上游:	CCACTGGGACCTGAGGTGTC
		下游:	GCATCACCACACACCAATTCA
PPARγ	NM_181024.2	上游:	TCAAAGTGGAGCCTGTATC
		下游:	CATAGTGGAACCCTGACG
PPARGC1α	NM_177945.3	上游:	GTACCAGCACGAAAGGCTCAA
		下游:	ATCACACGGCGCTCTTCAA
SREBP1	NM_001113302.1	上游:	AGTAGCAGCGGTGGAAGT
		下游:	GCAGCGGCTCTGGATT

基因名称	GenBank 登录号	引物序列(5′—3′)
INSIG1	NM_001077909.1	上游：AAAGTTAGCAGTCGCGTCGTC
		下游：TTGTGTGGCTCTCCAAGGTGA
SCAP	NM_001101889.1	上游：CCATGTGCACTTCAAGGAGGA
		下游：ATGTCGATCTTGCGTGTGGAG
β - actin	NM_173979	上游：AAGGACCTCTACGCCAACACG
		下游：TTTGCGGTGGACGATGGAG

5.1.1.4　cDNA 的生成

将提取的乳腺组织总 RNA 反转录成 cDNA,根据 PrimeScript^{TM} RT reagent Kit(TaKaRa)试剂盒说明书进行,在冰上配制 RT 反应液,反转录反应液组成见表 5 - 2。每 20 μL 体系加入 500 ng 总 RNA,RNA 溶液用量根据紫外分光光度计所测浓度计算而定。

表 5 - 2　反转录反应液组成

试剂	使用量	终浓度
5 × PrimeScript^{TM}Buffer(for Real Time)	4 μL	1 ×
PrimeScript^{TM}RT Enzyme Mix Ⅰ	1 μL	—
Oligo dT Primer(50 μmol/L)	1 μL	25 pmol/L
Random 6 mers(100 μmol/L)	2 μL	50 pmol/L
总 RNA	500 ng	
RNase Free dH$_2$O	加至 20 μL	—

注:反转录反应条件为 37 ℃ 15 min、85 ℃ 5 s。反应结束后所得的 cDNA 置于 - 20 ℃冰箱中保存备用。

5.1.1.5　qRT - PCR 检测

采用 Applied Biosystems 7300 Real - Time PCR System 和 SYBR Premix Ex

Taq™试剂盒进行 qRT – PCR 检测,反应体系为 20 μL,于冰上配制反应液, qRT – PCR 反应液组成见表 5 – 3,所用基因引物序列见表 5 – 1,用 $2^{-\Delta\Delta CT}$ 法计算各基因的相对表达量。

表 5 – 3 qRT – PCR 反应液组成

试剂	使用量	终浓度
SYBR Premix Ex Taq™(2 ×)	10 μL	1 ×
PCR Forward Primer(10 μmol/L)	0.4 μL	0.2 μmol/L
PCR Reverse Primer(10 μmol/L)	0.4 μL	0.2 μmol/L
ROX Reference Dye(50 ×)	0.4 μL	1 ×
DNA 模板	2 μL	—
灭菌三蒸水	6.8 μL	—

qRT – PCR 反应共 40 个循环,反应步骤如图 5 – 1 所示。

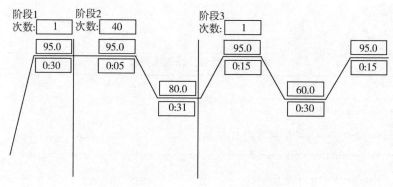

图 5 –1   qRT – PCR 反应步骤

5.1.2 Western blotting 检测乳腺组织乳脂肪合成相关蛋白表达

5.1.2.1 乳腺组织总蛋白提取

称取适量的奶牛乳腺组织,用剪刀将其剪成组织小块,放入匀浆器中,按照

158

组织净重:组织匀浆液 = 1:10 的比例,于冰浴中匀浆至细胞充分裂解,10 000 ~ 14 000 r/min 离心 3~5 min,取上清液并转入另一个干净的 EP 管中,于 -20 ℃ 冰箱中保存备用。

5.1.2.2　聚丙烯酰胺凝胶电泳

分离胶的灌制:先安装制胶槽,配制分离胶溶液,加入过硫酸铵和 TEMED 后迅速混匀溶液,注入两玻璃板之间,注意避免产生气泡,在胶液表面覆盖少量去离子水,然后于室温下垂直放置制胶槽,待分离胶聚合后,倾去上层水并用滤纸尽可能吸去残留液。

浓缩胶的灌制:配制浓缩胶溶液,加入过硫酸铵和 TEMED 后迅速混匀胶液,注入两玻璃板之间,注意避免产生气泡,然后在浓缩胶液上表面缓慢插入加样梳,避免产生气泡,于室温下垂直放置制胶槽,待浓缩胶聚合后,小心拔去加样梳,用去离子水小心冲洗加样孔以除去未聚合的丙烯酰胺。

5.1.2.3　Western blotting 流程

(1)将制备好的凝胶板垂直固定于电泳槽中,加入电泳缓冲液,并排出玻璃板底端气泡;加样,蛋白样品 20 μL/孔,彩色预染 Marker 5 μL/孔;接通电源,80 V 恒压电泳,当溴酚蓝迁移至分离胶时,将电压调至 120 V,继续电泳;当溴酚蓝距分离胶底端约 1 cm 时停止电泳,小心剥离凝胶。

(2)用半干转移电泳仪进行转膜,转膜结束后,用丽春红染硝酸纤维素膜(NC 膜)1 min,然后用三蒸水冲洗,如看到红色蛋白条带表明转膜效果良好,可进行后续实验。

(3)用 TBST 清洗 NC 膜,每次 5 min;将 NC 膜放入封闭液中,于 37 ℃ 封闭 1.5 h。

(4)取出 NC 膜,放入 TBST 中,摇床冲洗 3 次,每次 5 min;将 NC 膜放入一抗稀释液中,于 4 ℃ 过夜(或 37 ℃ 摇床中放置 1.5 h)。

(5)取出 NC 膜,放入 TBST 中,摇床清洗 3 次,每次 5 min;将 NC 膜放入二抗稀释液中,于 37 ℃ 摇床中放置 1 h;取出 NC 膜,放入 TBST 中,摇床清洗 3 次,每次 5 min。

(6)将超敏发光液装入自封袋中,将 NC 膜放入,在暗室中孵育 5 min;将其放入暗盒中用 X 光片进行曝光,显影,定影;用扫描仪扫描 X 光片,并用 BandScan 软件分析蛋白条带。

5.2 乳腺上皮细胞的原代培养及鉴定方法

5.2.1 乳腺上皮细胞的原代培养及纯化

对健康的泌乳期荷斯坦奶牛乳房中部进行消毒,按常规手术切取少量乳腺组织,立即用 D – Hanks 液清洗,并用 75% 乙醇浸泡乳腺组织 2 min。在超净工作台上,用眼科手术剪刀与镊子尽量剥离结缔组织和脂肪组织,获得富含乳腺上皮细胞的实体组织。将乳腺组织剪成约 1 mm³ 的小块,用 D – Hanks 液清洗组织块,直到清洗液澄清为止,在预铺有鼠尾胶原的细胞培养瓶中以 0.5 cm 的间距接种组织块,铺满整瓶后,于 37 ℃、5% CO_2 培养箱中倒置培养 3~4 h,当组织块牢固地贴附于胶原上时,取出培养瓶,将完全培养液轻轻加入培养瓶中覆盖组织块,然后置于细胞培养箱中继续培养,每隔 2 d 更换 1 次培养液。不同类型的细胞对胰蛋白酶的敏感性不同,用 D – Hanks 液清洗细胞 3 次,加入 0.25% 胰蛋白酶消化液,于 37 ℃ 消化处理,置于倒置显微镜下观察,待成纤维细胞间隙增大、脱离瓶壁时,加入细胞培养液终止消化,将液体倾出,然后向培养物中加入 0.25% 胰蛋白酶消化液,于 37 ℃ 继续消化 3~5 min,用吸管轻轻吹打悬浮细胞,离心,重悬细胞,以适当的密度接种于培养瓶中,继续培养,经过 3 次选择传代,即可获得纯化的乳腺上皮细胞。

5.2.2 乳腺上皮细胞的鉴定

采用免疫荧光染色的方法对奶牛乳腺上皮细胞角蛋白 18 进行染色,以鉴定分离、纯化得到的是否为奶牛乳腺上皮细胞。取洁净的盖玻片放入 6 孔培养板中,接种细胞,制作乳腺上皮细胞爬片。当细胞富集到80%汇合单层时,去除培养液,用预冷的 TBST 清洗细胞 2 次。用 1 mL 2.5%多聚甲醛于 4 ℃固定细胞 10 min,再用 TBST 清洗细胞 3 次,每次 5 min。用含 5% BSA 的 TBST 封闭 60 min。去除封闭液,用含 5% BSA 的 TBST 稀释角蛋白 18 抗体,加入一抗,于 37 ℃作用 60 min。去除一抗,用 TBST 清洗细胞 3 次,每次 5 min,再用含 5% BSA 的 TBST 稀释 FITC 标记的二抗,加入二抗,于 37 ℃作用 60 min。去除二抗,用 TBST 冲洗细胞 3 次,每次 5 min,滴加 PI 染料,于室温染色 5 min 后,用 TBST 冲洗细胞 3 次,每次 5 min。将抗荧光淬灭剂滴加到载玻片上,封片,于激光扫描共聚焦显微镜下观察奶牛乳腺上皮细胞角蛋白 18 的特异性表达。

5.3 脂肪酸对乳腺上皮细胞乳脂肪合成影响的检测

5.3.1 脂肪酸的最佳作用浓度筛选

5.3.1.1 脂肪酸的添加

收集对数生长期乳腺上皮细胞,等密度接种于 6 孔板,待细胞融合度达到 70%~80%时,弃培养液,并用 D‒Hanks 液清洗细胞 2~3 次,加入无脂、无血清培养基(DMEM/F12 +1 g/LBSA),同时添加催乳素、胰岛素和氢化可的松培养 24 h,然后更换新鲜的无脂、无血清培养基,并添加催乳素、胰岛素、氢化可的松及不同浓度的脂肪酸盐。各组脂肪酸盐的浓度如下。

(1)乙酸钠的浓度分别为 0 mmol/L、2 mmol/L、4 mmol/L、8 mmol/L、12 mmol/L、16 mmol/L、20 mmol/L、24 mmol/L。

(2)β‒羟丁酸钠的浓度分别为 0.00 mmol/L、0.25 mmol/L、0.50 mmol/L、0.75 mmol/L、1.00 mmol/L、1.25 mmol/L、1.50 mmol/L、1.75 mmol/L。

(3)乙酸钠和 β‒羟丁酸钠混合物:在培养体系中添加乙酸钠和 β‒羟丁酸钠混合物,二者的浓度配比见表 5‒4。

表 5 - 4 实验因素与水平

水平	乙酸钠浓度/(mmol · L^{-1})	β - 羟丁酸钠浓度/(mmol · L^{-1})
1	8	0.75
2	12	1.00
3	16	1.25

（4）软脂酸的浓度分别为 0 mmol/L、75 mmol/L、100 mmol/L、125 mmol/L、150 mmol/L、175 mmol/L、200 mmol/L、250 μmol/L。

（5）硬脂酸的浓度分别为 0 mmol/L、75 mmol/L、100 mmol/L、125 mmol/L、150 mmol/L、175 mmol/L、200 mmol/L、225 μmol/L。

每组 5 个平行，培养 48 h 后收集乳腺上皮细胞及培养液，用于后续实验。

5.3.1.2 细胞活力及增殖能力检测

利用 CASY 细胞活力分析仪测定乳腺上皮细胞活力和增殖能力。将细胞消化，制成单细胞悬液，取 100 μL 细胞悬液加入 CASY 杯，并用 10 mL CASY - ton 缓冲液稀释、摇匀，运行分析仪控制面板上的 START，测量体积为 400 μL，进行 3 次检测，保存数据，得到各组奶牛乳腺上皮细胞的活力值和活细胞数。

5.3.1.3 细胞培养液中 TAG 含量检测

取对数生长期的乳腺上皮细胞，等密度接种于 6 孔板中，待细胞融合度达到 70%~80% 时，将细胞转入无脂、无血清培养基，同时添加催乳素、胰岛素和氢化可的松培养 24 h，更换新鲜的无脂、无血清培养基，添加催乳素、胰岛素、氢化可的松及各种脂肪酸继续培养 48 h（此时各种脂肪酸的添加浓度取决于细胞活力和增殖能力的实验结果，选择使细胞生长、增殖不受抑制的脂肪酸浓度范围），然后采用 TAG 定量试剂盒测定培养液中 TAG 的含量，以筛选出各种脂肪酸促进细胞 TAG 合成的最佳浓度。

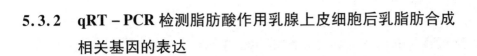

5.3.2 qRT-PCR 检测脂肪酸作用乳腺上皮细胞后乳脂肪合成相关基因的表达

5.3.2.1 乳腺上皮细胞总 RNA 的提取

将 6 孔培养板中的细胞用预冷 D-Hanks 液清洗 3 次,然后每孔加入 1 mL TRIzol 试剂,反复吹打以充分裂解细胞,将细胞液分别转移至 DEPC 处理过的 1.5 mL 离心管中,于室温静置 5 min;各管分别加入 0.2 mL 氯仿,剧烈振荡 15 s,于室温静置 2~3 min;12 000 r/min、4 ℃离心 15 min,小心吸取上层水相,转移至新的 1.5 mL 离心管中,各管分别加入 0.5 mL 异丙醇,轻轻颠倒混匀,室温静置 10 min;4 ℃、12 000 r/min 离心 10 min,弃上清液,保留沉淀物;各管分别加入 1 mL 75% 乙醇,涡旋数秒清洗沉淀;4 ℃、12 000 r/min 离心 10 min,弃上清液得到沉淀物;室温干燥数分钟,用适量的 DEPC 水溶解 RNA 沉淀,取少量 RNA 溶液进行聚丙烯酰胺凝胶电泳鉴定,并用紫外分光光度计检测 RNA 的浓度和纯度,将剩余的 RNA 保存于 -80 ℃超低温冰箱中。

5.3.2.2 cDNA 的生成

根据 PrimeScript™ RT reagent Kit(TaKaRa)试剂盒说明书进行操作,在冰上配制 RT 反应液。每 20 μL 体系加入 500 ng 总 RNA,RNA 溶液的用量根据紫外分光光度计所测浓度计算而定。实验方法与操作步骤同乳腺组织 mRNA 反转录生成 cDNA。

5.3.2.3 qRT-PCR 检测

采用 Applied Biosystems 7300 Real-Time PCR System 和 SYBR Premix Ex Taq™试剂盒进行 qRT-PCR 检测。反应体系为 20 μL,在冰上配制反应液,所用引物序列见表 5-1,qRT-PCR 扩增的步骤同乳腺组织相关基因表达的

5.3.3 Western blotting 检测脂肪酸作用乳腺上皮细胞后乳脂肪合成转录调控因子及相关蛋白的表达

5.3.3.1 乳腺上皮细胞总蛋白的提取

向细胞培养板中加入细胞裂解液,并反复刮擦细胞培养板底部,使细胞充分裂解;将细胞裂解溶液转入 1.5 mL 离心管中,沸水浴 10 min,超声破碎 3 次,每次 15 s;分装,于 −20 ℃冰箱冻存备用。

5.3.3.2 聚丙烯酰胺凝胶电泳及 Western blotting 检测

采用聚丙烯酰胺凝胶电泳及 Western blotting 检测脂肪酸作用乳腺上皮细胞后乳脂肪合成转录调控因子及相关蛋白的表达,其操作步骤同乳腺组织蛋白表达检测。

5.3.4 脂肪酸作用乳腺上皮细胞后乳脂肪合成关键酶活力的检测

5.3.4.1 待测样品准备

培养细胞,添加脂肪酸,小心地加入 5 ~ 10 mL GENMED 清理液,覆盖生长表面;小心地抽去清理液,用细胞刮脱棒轻柔地刮脱细胞;加入 5 mL GENMED 清理液混匀细胞,移入预冷的 15 mL 锥形离心管中,放入 4 ℃台式离心机中离心 5 min,转速为 1 000 r/min;小心地抽去上清液,加入 500 μL GENMED 裂解液,充分混匀,转移到预冷的 1.5 mL 离心管中,强力涡旋振荡 15 s;置于冰槽中孵育 30 min,其间每隔 5 min 涡旋振荡 10 s;放入 4 ℃微型台式离心机中离心 5 min,转速为 10 000 r/min;小心地移取 500 μL 上清液到新的预冷的 1.5 mL 离心管中;移取 10 μL 进行蛋白定量检测,即刻置于 −70 ℃保存或放入冰槽中进行后续操作。

5.3.4.2　乳脂肪合成关键酶活力的检测

GPAT、AGPAT6、DGAT1 酶活力的测定分别根据试剂盒说明书进行。

5.4　乳腺上皮细胞 PPARγ 定位分析

采用细胞免疫荧光法对乳腺上皮细胞进行 PPARγ 定位分析:制作细胞爬片;用预冷的甲醇固定细胞,于 4 ℃作用 10 min;用 TBST 冲洗细胞 3 次,每次 5 min,弃残液,可用滤纸吸净残液;用含 5% BSA 的 TBST 封闭处理,于 37 ℃作用 1 h,也可放入摇床中轻轻摇动;弃封闭液,用含 5% BSA 的 TBST 稀释 PPARγ 一抗,然后于 37 ℃用一抗稀释液孵育细胞 1 h;弃一抗稀释液,用 TBST 冲洗细胞 3 次,每次 5 min,弃残液,用干净的滤纸吸净残液;用含 5% BSA 的 TBST 稀释 FITC 标记的二抗,于 37 ℃用二抗稀释液孵育细胞1 h;弃二抗稀释液,用 TBST 冲洗细胞 3 次,每次 5 min,用干净的滤纸吸净残液;滴加 PI 染料(1 μg/mL),于室温染色 10 min,用 TBST 冲洗细胞 3 次,每次 5 min,用干净的滤纸吸净残液;封片,于激光共聚焦显微镜下观察。

5.5　脂肪酸添加对 *PPARγ* 基因沉默乳腺上皮细胞乳脂肪合成影响的检测

5.5.1　*PPARγ* 基因沉默实验

根据 Genbank 中牛 *PPARγ* 的 mRNA 序列,设计合成 *PPARγ* 的 siRNA。*PPARγ* siRNA 干扰实验分组见 4.2.2 节。PPARγ 抑制剂转染乳腺上皮细胞的

步骤如下。

（1）培养

在转染前一天将生长状态良好的乳腺上皮细胞接种到 6 孔板中培养（无双抗培养基），待细胞融合度达到 70%～80% 时进行转染。

（2）RNA 沉默试剂配制

取适量 Lipofectamine™ 2000 同 Opti－MEM Ⅰ Reduced Serum Medium 混合，于室温静置 5 min，并将适量的 siRNA 同 Opti－MEM Ⅰ Reduced Serum Medium 混合（避光操作），然后轻轻混匀两种溶液，于室温放置 20 min，形成 siRNA/lipofectamin™ 2000 复合物。

（3）细胞转染

用 D－Hanks 溶液冲洗细胞 3 次，加入无双抗、无血清的细胞培养液，加入脂肪酸，然后将配制好的 siRNA/lipofectamin™ 2000 混合物加入细胞培养板中，轻轻摇晃细胞培养板。将转染后的细胞放入 CO_2 细胞培养箱中，于 37 ℃ 培养 48 h。

（4）转染效率检测

由于订购的 *PPARγ siRNA* 干扰试剂带有绿色荧光标记，当 *PPARγ siRNA* 被转染试剂转入细胞内时，可在荧光显微镜下观察到绿色荧光，故根据带有绿色荧光的细胞所占的比例可衡量 *PPARγ* 基因的沉默效率。

5.5.2 细胞培养液中 TAG 含量检测

取对数生长期的乳腺上皮细胞，等密度接种于 6 孔板中，待细胞融合度达到 70%～80% 时，将细胞转入无脂、无血清培养基，同时添加催乳素、胰岛素和氢化可的松培养 24 h，更换新鲜的无脂、无血清培养基，添加催乳素、胰岛素、氢化可的松及各种脂肪酸继续培养 48 h（此时根据细胞活力和增殖能力的实验结果，选择使细胞生长、增殖不受抑制的脂肪酸浓度范围），然后采用 TAG 定量试剂盒测定培养液中 TAG 的含量。

5.5.3 乳脂肪合成相关基因表达的检测

提取乳腺上皮细胞总 RNA，根据 PrimeScript™ RT reagent Kit（TaKaRa）试剂

盒说明书进行操作,在冰上配制 RT 反应液。每 20 μL 体系加入 500 ng 总 RNA,RNA 溶液用量根据紫外分光光度计所测浓度结果计算而定。采用 Applied Biosystems 7300 Real – Time PCR System 和 SYBR Premix Ex *Taq*™ 试剂 盒进行 qRT – PCR 检测。反应体系为 20 μL,在冰上配制反应液,所用引物序列 见表 5 – 1,qRT – PCR 扩增的步骤同乳腺组织相关基因表达的 qRT – PCR 检测 步骤。

5.5.4　乳脂肪合成转录调控因子表达的检测

乳腺上皮细胞总蛋白提取:向细胞培养板中加入细胞裂解液,并反复刮擦 细胞培养板底部,使细胞充分裂解;将细胞裂解溶液转入 1.5 mL 离心管中,沸 水浴处理 10 min,超声破碎 3 次,每次 15 s;分装,于 – 20 ℃ 冰箱中冻存备用。

采用聚丙烯酰胺凝胶电泳及 Western blotting 检测乳脂肪合成转录调控因 子的表达,其操作步骤同乳腺组织蛋白表达检测。

5.5.5　乳脂肪合成关键酶活力的检测

培养细胞,添加脂肪酸,小心地加入 5 ~ 10 mL GENMED 清理液,覆盖生长 表面;小心地抽去清理液;用细胞刮脱棒轻柔地刮脱细胞;加入 5 mL GENMED 清理液混匀细胞;移入预冷的 15 mL 锥形离心管中;放入 4 ℃ 微型台式离心机 中离心 5 min,转速为 1 000 r/min;小心地抽去上清液;加入 500 μL GENMED 裂 解液,充分混匀;转移到预冷的 1.5 mL 离心管中;强力涡旋振荡 15 s;置于冰槽 中孵育 30 min,期间每隔 5 min 涡旋振荡 10 s;放入 4 ℃ 微型台式离心机中离心 5 min,转速为 10 000 r/min;小心地移取 500 μL 上清液到新的预冷的 1.5 mL 离 心管中;移取 10 μL 进行蛋白定量检测;即刻置于 – 70 ℃ 保存或置于冰槽中进 行后续操作。GPAT、AGPAT6、DGAT1 酶活力检测按照试剂盒说明书进行。

5.6 脂肪酸添加对 *PPARγ* 基因过表达乳腺上皮细胞乳脂肪合成影响的检测

5.6.1 引物设计及 *PPARγ* 基因扩增

（1）*PPARγ* 基因的 PCR 引物设计

采用 Primer Premier 5.0 软件设计引物，用于合成 *PPARγ* 基因的引物序列见表 5 – 5。

表 5 – 5 用于合成 *PPARγ* 基因的引物序列

引物编号	序列
1	上游：5′ – ATGGGTGAAACTCTGGG – 3′
2	下游：5′ – CTAATACAAGTCCTTGTAG – 3′
3	上游：5′ – CCCTCGAGATGGGTGAAACTCTGGG – 3′（*Xho* I）
4	下游：5′ – CGGAATTCCTAATACAAGTCCTTGTAG – 3′（*Eco*R I）

表 5 – 5 中 1 和 2 序列为 *PPARγ* 基因 PCR 扩增的上、下游引物；在 3 和 4 序列中，为了便于 PCR 产物向大肠杆菌定向克隆，分别在其上游引物和下游引物的两端设计了限制性内切酶 *Xho* I 和 *Eco*R I 的酶切位点（下划线处），酶切位点前序列为保护碱基。

（2）基因扩增

①TRIzol 法提取总 RNA。

②RNA 反转录为 cDNA。

在 EP 管中配制下列混合物：

Template RNA	1 ng ~ 1 μg
Oligo dT Primer（50 μmol/L）	1 μL
Rnase Free dH$_2$O	添加至 6 μL

将混合物于 70 ℃保温 10 min,立即放于冰上骤冷 2 min 以上,离心数秒,使 RNA 等混合物集中于 EP 管底部,反转录的配制体系如下:

上述模板 RNA/引物变性反应液	6 μL
5 × M – MLV 缓冲液	2 μL
dNTP 混合物(各 10 mmol/L)	0.5 μL
Rnase 抑制剂(40 U/μL)	0.25 μL
RTase M – MLV(RNase H⁻)(200 U/μL)	0.5 μL
Rnase Free dH₂O	添加至 10 μL

于 42 ℃保温 1 h,然后于 70 ℃保温 15 min,于冰上冷却,得到的 cDNA 可直接用于 PCR 扩增。

③PCR 反应

反应体系如下:

cDNA	3 μL
10 × PCR 缓冲液	5 μL
dNTP 混合物	4 μL
LA *Taq* 酶	0.5 μL
引物 1(10 μmol/L)	2 μL
引物 2(10 μmol/L)	2 μL
ddH₂O	33.5 μL
总体积	50 μL

PCR 扩增条件如下:

94 ℃	5 min	
94 ℃	30 s	
56 ℃	30 s	} 30 个循环
72 ℃	2 min	
72 ℃	10 min	
4 ℃	60 min	

反应完成后,取 5 μL PCR 产物点样于 1% 琼脂糖凝胶加样孔中,在另一加样孔中加入 5 μL DL2000 Marker,5 V/cm 电泳 25 min。电泳结束后,利用凝胶

成像系统拍照。

④PCR 扩增产物的回收与纯化

利用 AxyPrep DNA 凝胶回收试剂盒进行 PCR 产物回收,于 - 20 ℃冰箱中保存。

5.6.2 *PPARγ* 基因 PCR 扩增产物克隆载体构建

(1)*PPARγ* 基因 PCR 扩增产物与载体连接

将纯化后的目的基因 PCR 扩增产物与 pMD - 18T 载体连接(在冰上进行),在微量离心管中配制下列溶液,连接体系如下:

pMD - 18T	1 μL
PCR 扩增产物	4 μL
Solution Ⅰ	5 μL
总体积	10 μL

连接条件:16 ℃孵育过夜。

(2)连接产物转化感受态细胞

①从 - 80 ℃超低温冰箱中取出 100 μL Top10 感受态细胞,融化后,加入 10 μL 连接产物(无菌操作),轻轻混匀,在冰上放置 30 min。

② 42 ℃水浴热休克 90 s,迅速取出后冰浴 2 min。

③向菌液中加入 890 μL 不含氨苄青霉素(Amp)的 LB 液体培养基(无菌操作),轻轻混匀,37 ℃、180 r/min 振荡培养 1 h。

④ 3 000 r/min 离心 10 min,收集细胞,余留 200 μL 左右上清液重悬细胞。

⑤吸取重悬的转化细胞涂布于含有 Amp(Amp 终浓度为 100 μL/mL)的 LB 平板上,吹干后,于 37 ℃倒置过夜培养,观察结果。

(3)阳性重组子的筛选

从 LB 平板上挑取若干个白色菌落,分别接种于 20 mL 含有 Amp 的 LB 液体培养基中,于 37 ℃振荡培养过夜。利用 AxyPrep 质粒 DNA 小量试剂盒提取质粒。

①阳性重组子 pMD18 - T 的 PCR 鉴定

以重组质粒作为扩增模板进行 PCR 扩增,PCR 反应体系为 25 μL,1% 琼脂糖凝胶电泳观察结果。

②重组质粒双酶切验证

反应体系如下：

Xho I	1 μL
*Eco*R I	1 μL
10×H 缓冲液	2 μL
质粒	10 μL
dH$_2$O	6 μL
总体积	20 μL

反应条件:37 ℃水浴 2~3 h;采用琼脂糖凝胶电泳观察酶切结果。

③序列测定

将经 PCR 扩增及双酶切验证双重鉴定为 PPARγ 阳性重组子的质粒送相关公司测序。

5.6.3 真核表达载体 pGCMV – IRES – EGFP – PPARγ 的构建

(1)带黏性末端的 *PPAR*γ 基因片段的制备

①将含重组质粒 pMD18 – T – PPARγ 的大肠杆菌菌液进行扩增培养。

②用 AxyPrep 质粒 DNA 小量提取试剂盒提取质粒,采用琼脂糖凝胶检测。

③将 pMD18 – T – PPARγ 片段大量双酶切,反应体系如下:

Xho I	2.5 μL
10×H 缓冲液	5 μL
*Eco*R I	2.5 μL
目的基因	15 μL
dH$_2$O	25 μL
总体积	50 μL

双酶切反应条件:37 ℃水浴 3 h。

双酶切结束后,采用 1% 琼脂糖凝胶电泳检测双酶切结果。按照 AxyPrep

171

DNA 凝胶回收试剂盒的说明书对产物进行纯化,于 – 20 ℃保存备用。

（2）带黏性末端的 pGCMV – IRES – EGFP 片段的制备

将 pGCMV – IRES – EGFP 载体大量双酶切,反应体系如下:

Xho I	2.5 μL
10 × H 缓冲液	5 μL
*Eco*R I	2.5 μL
质粒	15 μL
dH₂O	25 μL
总体积	50 μL

双酶切反应条件:37 ℃水浴 3 h。

双酶切完成后,采用 1% 琼脂糖凝胶电泳检测双酶切结果。将酶切产物进行纯化,纯化方法按 AxyPrep DNA 凝胶回收试剂盒说明书进行,将纯化产物于 – 20 ℃保存备用。

（3）*PPARγ* 基因片段与质粒连接

将 *PPARγ* 基因片段与 pGCMV – IRES – EGFP 质粒进行连接及转化,连接体系如下:

目的基因	5 μL
10 × 缓冲液	2 μL
T4 连接酶	0.5 μL
pGCMV – IRES – EGFP	9 μL
dH₂O	3.5 μL
总体积	20 μL

连接条件:16 ℃金属浴,过夜。

连接完成后,用连接产物转化感受态细胞 TOP 10,并涂布于含 Kan 的 LB 平板上,于 37 ℃倒置过夜培养,观察结果。

（4）真核表达载体 pGCMV – IRES – EGFP – PPARγ 的筛选

从 LB 平板上挑取若干个白色菌落,分别接种于 20 mL 含 Kan 的 LB 液体培养基中,于 37 ℃振荡过夜培养,提取质粒。

①重组质粒的 PCR 验证

以重组质粒为扩增模板进行 PCR 扩增,采用琼脂糖凝胶电泳观察结果。

②重组质粒的双酶切鉴定

用 *Xho* I 和 *Eco*R I 进行双酶切。

(5)真核表达载体重组质粒的制备

将双重验证正确的含真核表达载体重组质粒的大肠杆菌进行 37 ℃扩大培养,采用 Endo – free Plasmid Mini Kit 试剂盒提取质粒,于 – 20 ℃保存备用,然后进行奶牛乳腺上皮细胞的转染表达。

5.6.4　脂肪酸 *PPARγ* 基因过表达实验

(1)将生长状态良好的乳腺上皮细胞接种到 6 孔板中培养(无双抗培养基),待细胞融合度达到 90% 左右时进行转染。

(2)稀释转染试剂。取离心管加入 250 μL Opti – MEM Ⅰ Reduced Serum Medium(37 ℃)和 10 μL Lipofectamine^{TM} 2000(无菌条件),轻轻混匀,室温孵育 5 min。

(3)稀释质粒 DNA。向离心管中加入 250 μL Opti – MEM Ⅰ Reduced Serum Medium(37 ℃)和 4 μg PPARγ 真核表达载体重组质粒(无菌条件),轻轻混匀。

(4)将稀释后的 Lipofectamine^{TM} 2000 和质粒 DNA 轻轻混合,室温孵育 20 min,形成 DNA – Lipofectamine^{TM} 2000 混合物。

(5)用 D – hanks 液清洗细胞 2 ~ 3 次,然后向细胞培养板的每孔中加入 1.5 mL 无双抗培养基,加入脂肪酸,再加入混合好的转染溶液,轻轻来回摇晃 6 孔板,使其混合。

(6)37 ℃、5% CO_2 培养。

(7)检测转染后的荧光报告基因。细胞孵育 6 h 后即可通过荧光显微镜观察转染效率,开启显微镜的蓝色激光进行激发,由于转染的质粒上含有 EGFP 荧光报告基因,故如果质粒成功转入细胞并开始表达,则 EGFP 基因会被转录、翻译成绿色荧光蛋白。培养 48 h 后,收集乳腺上皮细胞和培养基用于后续实验。

5.6.5　TAG 含量检测

取对数生长期的乳腺上皮细胞,等密度接种于 6 孔板中,待细胞融合度达到 70%~80% 时,将细胞转入无脂、无血清培养基中,同时添加催乳素、胰岛素和氢化可的松培养 24 h,更换新鲜的无脂、无血清培养基,添加催乳素、胰岛素、氢化可的松及各种脂肪酸继续培养 48 h(此时根据细胞活力和增殖能力的实验结果,选择使细胞生长、增殖不受抑制的脂肪酸浓度范围),然后采用 TAG 定量试剂盒测定培养液中 TAG 的含量。

5.6.6　乳脂肪合成相关基因表达的检测

提取乳腺上皮细胞总 RNA,根据 PrimeScript™ RT reagent Kit(TaKaRa)试剂盒说明书进行操作,在冰上配制 RT 反应液。每 20 μL 体系加入 500 ng 总 RNA,RNA 溶液用量根据紫外分光光度计所测浓度结果计算而定。采用 Applied Biosystems 7300 Real – Time PCR System 和 SYBR Premix Ex *Taq*™ 试剂盒进行 qRT – PCR 检测。反应体系为 20 μL,在冰上配制反应液,所用引物序列见表 5 – 1,qRT – PCR 扩增的步骤同乳腺组织相关基因表达的 qRT – PCR 检测步骤。

5.6.7　乳脂肪合成转录调控因子表达的检测

乳腺上皮细胞总蛋白提取:向细胞培养板中加入细胞裂解液,并反复刮擦细胞培养板底部,使细胞充分裂解;将细胞裂解溶液转入 1.5 mL 离心管中,沸水浴处理 10 min,超声破碎 3 次,每次 15 s;分装,于 – 20 ℃ 冰箱中冻存备用。

采用聚丙烯酰胺凝胶电泳及 Western blotting 检测乳脂肪合成转录因子的表达,其操作步骤同乳腺组织蛋白表达检测。

5.6.8　乳脂肪合成关键酶活力的检测

培养细胞,添加脂肪酸,小心地加入 5~10 mL GENMED 清理液,覆盖生长表面；小心地抽去清理液；用细胞刮脱棒轻柔地刮脱细胞；加入 5 mL GENMED 清理液混匀细胞；移入预冷的 15 mL 锥形离心管中；放入 4 ℃微型台式离心机中离心 5 min，转速为 1 000 r/min；小心地抽去上清液；加入 500 μL GENMED 裂解液，充分混匀；转移到预冷的 1.5 mL 离心管中；强力涡旋振荡 15 s；置于冰槽中孵育 30 min，其间每隔 5 min 涡旋振荡 10 s；放入 4 ℃微型台式离心机中离心 5 min，转速为 10 000 r/min；小心地移取 500 μL 上清液到新的预冷的 1.5 mL 离心管中；移取 10 μL 进行蛋白定量检测；即刻置于 - 70 ℃保存或置于冰槽中进行后续操作。GPAT、AGPAT6、DGAT1 酶活力检测按照试剂盒说明书进行。

5.7　数据处理

采用 Primer Premier 5.0 软件对乳脂肪合成相关基因进行引物设计；采用 BandScan 4.3 软件对 Western blotting 图谱进行灰度扫描；采用 Microsoft Office Excel 软件处理有关实验数据，数据均以"平均值 ± 标准差"表示；采用 SPSS 13.0 软件对实验数据进行统计分析，对两组数据进行 t - 检验分析，对多组数据进行单因素方差分析；数据肩标字母不同表示差异显著（$P < 0.05$），字母相同表示差异不显著（$P > 0.05$）。

参考文献

［1］GARTON G A. The composition and biosynthesis of milk lipids［J］. Journal of lipid research,1963,4(3):237 - 254.

［2］JENSEN R G,FERRIS A M,LAMMI - KEEFE C J. The composition of milk fat ［J］. Journal of dairy science,1991,74(9):3228 - 3243.

［3］MANSSON H L. Fatty acids in bovine milk fat［J］. Food & nutrition research, 2008,52(1):1821.

［4］PRECHT D,MOLKENTIN J. Trans fatty acids:implications for health,analytical methods,incidence in edible fats and intake［J］. Nahrung,1995,39(5 - 6): 343 - 374.

［5］NEVILLE M C, PICCIANO M F. Regulation of milk lipid secretion and composition［J］. Annual review of nutrition,1997,17(1):159 - 183.

［6］BAUMAN D E,GRIINARI J M. Nutritional regulation of milk fat synthesis［J］. Annual review of nutrition,2003,23(1):203 - 227.

［7］BERNARD L,LEROUX C,CHILLIARD Y. Expression and nutritional regulation of lipogenic genes in the ruminant lactating mammary gland［J］. Advances in experimental medicine and biology,2008,606:67 - 108.

［8］MANSBRIDGE R J, BLAKE J S. Nutritional factors affecting the fatty acid composition of bovine milk［J］. British journal of nutrition, 1997, 78 (1): 37 - 47.

［9］HA J,KIM K H. Inhibition of fatty acid synthesis by expression of an acetyl - CoA carboxylase - specific ribozyme gene［J］. Proceedings of the National Academy of Sciences of the United States of America, 1994, 91 (21): 9951 - 9955.

［10］SMITH S. The animal fatty acid synthase:one gene,one polypeptide,seven enzymes［J］. FASEB journal,1994,8(15):1248 - 1259.

［11］VERNON R G, FLINT D J. Control of fatty acid synthesis in lactation［J］. Proceedings of the nutrition society,1983,42(2):315 - 331.

［12］KNUDSEN J,GRUNNET I. Transacylation as a chain - termination mechanism in fatty acid synthesis by mammalian fatty acid synthetase. Synthesis of medium - chain - length (C8 - C12) acyl - CoA esters by goat mammary -

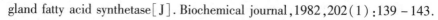

gland fatty acid synthetase[J]. Biochemical journal,1982,202(1):139–143.

[13]ABUMRAD N,HARMON C,IBRAHIMI A. Membrane transport of long – chain fatty acids:evidence for a facilitated process[J]. Journal of lipid research, 1998,39(12):2309–2318.

[14]ABUMRAD N A,EL – MAGHRABI M R,AMRI E Z,et al. Cloning of a rat adipocyte membrane protein implicated in binding or transport of long – chain fatty acids that is induced during preadipocyte differentiation. Homology with human CD36 [J]. Journal of biological chemistry, 1993, 268 (24): 17665 –17668.

[15]BIONAZ M,LOOR J J. ACSL1,AGPAT6,FABP3,LPIN1,and SLC27A6 are the most abundant isoforms in bovine mammary tissue and their expression is affected by stage of lactation [J]. Journal of nutrition, 2008, 138 (6): 1019 – 1024.

[16]HARMON C M,LUCE P,BETH A H,et al. Labeling of adipocyte membranes by sulfo – N – succinimidyl derivatives of long – chain fatty acids:inhibition of fatty acid transport [J]. Journal of membrane biology, 1991, 121 (3): 261 –268.

[17]COLEMAN R A, LEE D P. Enzymes of triacylglycerol synthesis and their regulation[J]. Progress in lipid research,2004,43(2):134–176.

[18]BIONAZ M,LOOR J J. Gene networks driving bovine milk fat synthesis during the lactation cycle[J]. BMC genomics,2008,9:366.

[19]MAYOREK N, GRINSTEIN I, BAR – TANA J. Triacylglycerol synthesis in cultured rat hepatocytes:the rate – limiting role of diacylglycerol acyltransferase [J]. European journal of biochemistry,1989,182(2):395–400.

[20]KEENAN T W. Milk lipid globules and their surrounding membrane:a brief history and perspectives for future research [J]. Journal of mammary gland biology and neoplasia,2001,6(3):365–371.

[21]WELTE M A. Fat on the move:intracellular motion of lipid droplets[J]. Biochemical society transactions,2009,37(5):991–996.

[22]MATHER I H,KEENAN T W. Origin and secretion of milk lipids[J]. Journal

of mammary gland biology and neoplasia,1998,3(3):259 – 273.

[23] MATHER I H. A review and proposed nomenclature for major proteins of the milk – fat globule membrane [J]. Journal of dairy science, 2000, 83 (2): 203 – 247.

[24] OGG S L, WELDON A K, DOBBIE L, et al. Expression of butyrophilin (Btn1a1) in lactating mammary gland is essential for the regulated secretion of milk – lipid droplets [J]. Proceedings of the National Academy of Sciences of the United States of America,2004,101(27):10084 – 10089.

[25] VORBACH C, SCRIVEN A, CAPECCHI M R. The housekeeping gene xanthine oxidoreductase is necessary for milk fat droplet enveloping and secretion:gene sharing in the lactating mammary gland [J]. Genes & development, 2002, 16 (24):3223 – 3235.

[26] CHONG B M, REIGAN P, MAYLE – COMBS K D, et al. Determinants of adipophilin function in milk lipid formation and secretion [J]. Trends in endocrinology and metabolism,2011,22(6):211 – 217.

[27] RUSSELL T D, SCHAACK J, ORLICKY D J, et al. Adipophilin regulates maturation of cytoplasmic lipid droplets and alveolae in differentiating mammary glands [J]. Journal of cell science,2011,124(19):3247 – 3253.

[28] PALMQUIST D L, BEAULIEU A D, BARBANO D M. Feed and animal factors influencing milk fat composition [J]. Journal of dairy science, 1993, 76 (6): 1753 – 1771.

[29] BAUMAN D E, GRIINARI J M. Regulation and nutritional manipulation of milk fat. Low – fat milk syndrome [J]. Advances in experimental medicine and biology,2000,480:209 – 216.

[30] PETERSON D G, MATITASHVILI E A, BAUMAN D E. Diet – induced milk fat depression in dairy cows results in increased trans – 10, cis – 12 CLA in milk fat and coordinate suppression of mRNA abundance for mammary enzymes involved in milk fat synthesis [J]. Journal of nutrition, 2003, 133 (10): 3098 – 3102.

[31] HARVATINE K J, BAUMAN D E. SREBP1 and thyroid hormone responsive

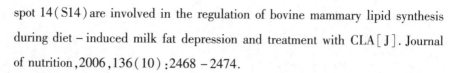

spot 14(S14) are involved in the regulation of bovine mammary lipid synthesis during diet – induced milk fat depression and treatment with CLA[J]. Journal of nutrition,2006,136(10):2468 – 2474.

[32] KOMATSU T, ITOH F, KUSHIBIKI S, et al. Changes in gene expression of glucose transporters in lactating and nonlactating cows[J]. Journal of animal science,2005,83(3):557 – 564.

[33] ZHAO F Q, KEATING A F. Expression and regulation of glucose transporters in the bovine mammary gland[J]. Journal of dairy science,2007,90(1):76 – 86.

[34] JENNY B F, POLAN C E, THYE F W. Effects of high grain feeding and stage of lactation on serum insulin, glucose and milk fat percentage in lactating cows [J]. Journal of nutrition,1974,104(4):379 – 385.

[35] MCGUIRE M A, GRIINARI J M, DWYER D A, et al. Role of insulin in the regulation of mammary synthesis of fat and protein [J]. Journal of dairy science,1995,78(4):816 – 824.

[36] GRIINARI J M, DWYER D A, MCGUIRE M A, et al. Trans – octadecenoic acids and milk fat depression in lactating dairy cows [J]. Journal of dairy science,1998,81(5):1251 – 1261.

[37] WONSIL B J, HERBEIN J H, WATKINS B A. Dietary and ruminally derived trans – 18:1 fatty acids alter bovine milk lipids[J]. Journal of nutrition,1994,124(4):556 – 565.

[38] GAYNOR P J, ERDMAN R A, TETER B B, et al. Milk fat yield and composition during abomasal infusion of cis or trans octadecenoates in Holstein cows[J]. Journal of dairy science,1994,77(1):157 – 165.

[39] RINDSIG R B, SCHULTZ L H. Effects of abomasal infusions of safflower oil or elaidic acid on blood lipids and milk fat in dairy cows[J]. Journal of dairy science,1974,57(12):1459 – 1466.

[40] GRIINARI J M, CORL B A, LACY S H, et al. Conjugated linoleic acid is synthesized endogenously in lactating dairy cows by Delta(9) – desaturase[J]. Journal of nutrition,2000,130(9):2285 – 2291.

[41] CHOUINARD P Y, CORNEAU L, BARBANO D M, et al. Conjugated linoleic

acids alter milk fatty acid composition and inhibit milk fat secretion in dairy cows[J]. Journal of nutrition,1999,129(8):1579 – 1584.

[42]BAUMGARD L H, CORL B A, DWYER D A, et al. Identification of the conjugated linoleic acid isomer that inhibits milk fat synthesis[J]. American journal of physiology:regulatory,integrative and comparative physiology,2000, 278(1):179 – 184.

[43]BAUMGARD L H,SANGSTER J K,BAUMAN D E. Milk fat synthesis in dairy cows is progressively reduced by increasing supplemental amounts of trans – 10,cis – 12 conjugated linoleic acid(CLA)[J]. Journal of nutrition,2001,131 (6):1764 – 1769.

[44]BAUMGARD L H,MATITASHVILI E,CORL B A,et al. trans – 10,cis – 12 conjugated linoleic acid decreases lipogenic rates and expression of genes involved in milk lipid synthesis in dairy cows[J]. Journal of dairy science, 2002,85(9):2155 – 2163.

[45]BROWN M S,GOLDSTEIN J L. The SREBP pathway:regulation of cholesterol metabolism by proteolysis of a membrane – bound transcription factor[J]. Cell, 1997,89(3):331 – 340.

[46]YOKOYAMA C, WANG X D, BRIGGS M R, et al. SREBP – 1, a basic – helix – loop – helix – leucine zipper protein that controls transcription of the low density lipoprotein receptor gene[J]. Cell,1993,75(1):187 – 197.

[47]HUA X,YOKOYAMA C,WU J,et al. SREBP – 2, a second basic – helix – loop – helix – leucine zipper protein that stimulates transcription by binding to a sterol regulatory element[J]. Proceedings of the National Academy of Sciences of the United States of America,1993,90(24):11603 – 11607.

[48]SHIMOMURA I,SHIMANO H,HORTON J D,et al. Differential expression of exons 1a and 1c in mRNAs for sterol regulatory element binding protein – 1 in human and mouse organs and cultured cells [J]. Journal of clinical investigation,1997,99(5):838 – 845.

[49]HORTON J D, GOLDSTEIN J L, BROWN M S. SREBPs:activators of the complete program of cholesterol and fatty acid synthesis in the liver[J]. Journal

of clinical investigation,2002,109(9):1125 – 1131.

[50]HUA X,WU J,GOLDSTEIN J L,et al. Structure of the human gene encoding sterol regulatory element binding protein – 1 (SREBF1) and localization of SREBF1 and SREBF2 to chromosomes 17p11. 2 and 22q13 [J]. Genomics, 1995,25(3):667 – 673.

[51]YANG T,ESPENSHADE P J,WRIGHT M E,et al. Crucial step in cholesterol homeostasis:sterols promote binding of SCAP to INSIG – 1,a membrane protein that facilitates retention of SREBPs in ER[J]. Cell,2002,110(4):489 – 500.

[52]RAWSON R B. Control of lipid metabolism by regulated intramembrane proteolysis of sterol regulatory element binding proteins (SREBPs) [J]. Biochemical society symposium,2003,70(70):221 – 231.

[53]EBERLE D,HEGARTY B,BOSSARD P,et al. SREBP transcription factors: master regulators of lipid homeostasis [J]. Biochimie, 2004, 86 (11): 839 – 848.

[54]KIM J B,SARRAF P,WRIGHT M,et al. Nutritional and insulin regulation of fatty acid synthetase and leptin gene expression through ADD1/SREBP1[J]. The Journal of clinical investigation,1998,101(1):1 –9.

[55]STOECKMAN A K, TOWLE H C. The role of SREBP – 1c in nutritional regulation of lipogenic enzyme gene expression [J]. Journal of biological chemistry,2002,277(30):27029 – 27035.

[56]LOPEZ J M,BENNETT M K,SANCHEZ H B,et al. Sterol regulation of acetyl coenzyme A carboxylase: a mechanism for coordinate control of cellular lipid [J]. Proceedings of the National Academy of Sciences of the United States of America,1996,93(3):1049 – 1053.

[57]MAGANA M M,OSBORNE T F. Two tandem binding sites for sterol regulatory element binding proteins are required for sterol regulation of fatty – acid synthase promoter [J]. Journal of biological chemistry, 1996, 271 (51): 32689 – 32694.

[58]ERICSSON J,JACKSON S M,KIM J B,et al. Identification of glycerol – 3 – phosphate acyltransferase as an adipocyte determination and differentiation

factor 1 – and sterol regulatory element – binding protein – responsive gene [J]. The Journal of biological chemistry,1997,272(11):7298 –7305.

[59]SHIMANO H, HORTON J D, SHIMOMURA I, et al. Isoform 1c of sterol regulatory element binding protein is less active than isoform 1a in livers of transgenic mice and in cultured cells [J]. Journal of clinical investigation, 1997,99(5):846 –854.

[60]BERGER J,MOLLER D E. The mechanisms of action of PPARs[J]. Annual review of medicine,2002,53(1):409 –435.

[61]WAHLI W,BRAISSANT O,DESVERGNE B. Peroxisome proliferator activated receptors:transcriptional regulators of adipogenesis,lipid metabolism and more [J]. Chemistry & biology,1995,2(5):261 –266.

[62] GREEN S. PPAR:a mediator of peroxisome proliferator action[J]. Mutation research,1995,333(1 –2):101 –109.

[63]CLARKE S D. Nonalcoholic steatosis and steatohepatitis. I. Molecular mechanism for polyunsaturated fatty acid regulation of gene transcription[J]. American journal of physiology. Gastrointestinal and liver physiology,2001,281 (4):865 –869.

[64]ROSEN E D, SPIEGELMAN B M. PPARgamma: a nuclear regulator of metabolism,differentiation,and cell growth[J]. Journal of biological chemistry, 2001,276(41):37731 –37734.

[65]BRAISSANT O, FOUFELLE F, SCOTTO C, et al. Differential expression of peroxisome proliferator – activated receptors (PPARs): tissue distribution of PPAR – alpha, – beta,and – gamma in the adult rat[J]. Endocrinology,1996, 137(1):354 –366.

[66]AUBOEUF D, RIEUSSET J, FAJAS L, et al. Tissue distribution and quantification of the expression of mRNAs of peroxisome proliferator – activated receptors and liver X receptor – alpha in humans:no alteration in adipose tissue of obese and NIDDM patients[J]. Diabetes,1997,46(8):1319 –1327.

[67]SCHOONJANS K, STAELS B, AUWERX J. Role of the peroxisome proliferator – activated receptor(PPAR)in mediating the effects of fibrates and

fatty acids on gene expression[J]. Journal of lipid research, 1996, 37 (5):
907 −925.

[68] MASCAR C, ACOSTA E, ORTIZ J A, et al. Control of human muscle − type carnitine palmitoyltransferase I gene transcription by peroxisome proliferator − activated receptor [J]. Journal of biological chemistry, 1998, 273 (15): 8560 −8563.

[69] LEE S S, PINEAU T, DRAGO J, et al. Targeted disruption of the alpha isoform of the peroxisome proliferator − activated receptor gene in mice results in abolishment of the pleiotropic effects of peroxisome proliferators[J]. Molecular and cellular biology, 1995, 15(6):3012 −3022.

[70] OLIVER W R JR, SHENK J L, SNAITH M R, et al. A selective peroxisome proliferator − activated receptor delta agonist promotes reverse cholesterol transport[J]. Proceedings of the National Academy of Sciences of the United States of America, 2001, 98(9):5306 −5311.

[71] TANAKA T, YAMAMOTO J, IWASAKI S, et al. Activation of peroxisome proliferator − activated receptor delta induces fatty acid beta − oxidation in skeletal muscle and attenuates metabolic syndrome [J]. Proceedings of the National Academy of Sciences of the United States of America, 2003, 100(26): 15924 −15929.

[72] LEE C H, CHAWLA A, URBIZTONDO N, et al. Transcriptional repression of atherogenic inflammation: modulation by PPAR delta[J]. Science, 2003, 302 (5644):453 −457.

[73] SARRAF P, MUELLER E, SMITH W M, et al. Loss − of −function mutations in PPAR gamma associated with human colon cancer[J]. Molecular cell, 1999, 3 (6):799 −804.

[74] BRUN R P, TONTONOZ P, FORMAN B M, et al. Differential activation of adipogenesis by multiple PPAR isoforms[J]. Genes & development, 1996, 10 (8):974 −984.

[75] MARTIN G, SCHOONJANS K, LEFEBVRE A M, et al. Coordinate regulation of the expression of the fatty acid transport protein and acyl − CoA synthetase

genes by PPARalpha and PPARgamma activators [J]. Journal of biological chemistry,1997,272(45):28210 – 28217.

[76]SFEIR Z, IBRAHIMI A, AMRI E, et al. Regulation of FAT/CD36 gene expression:further evidence in support of a role of the protein in fatty acid binding/transport[J]. Prostaglandins, leukotrienes and essential fatty acids, 1997,57(1):17 – 21.

[77]GAVRILOVA O,HALUZIK M,MATSUSUE K,et al. Liver PPARγ contributes to hepatic steatosis,triglyceride clearance,and regulation of body fat mass[J]. Journal of biological chemistry,2003,278:34268 – 34276.

[78]LEE S H E,HOSSNER K L. Coordinate regulation of ovine adipose tissue gene expression by propionate [J]. Journal of animal science, 2002, 80 (11): 2840 – 2849.

[79]KIM J B,WRIGHT H M,WRIGHT M,et al. ADD1/SREBP1 activates PPARγ through the production of endogenous ligand[J]. Proceedings of the National Academy of Sciences of the United States of America, 1998, 95 (8): 4333 – 4337.

[80]PEET D J,JANOWSKI B A,MANGELSDORF D J. The LXRs:a new class of oxysterol receptors[J]. Current opinion in genetics and development,1998,8 (5):571 – 575.

[81]WILLY P J,UMESONO K,ONG E S,et al. LXR,a nuclear receptor that defines a distinct retinoid response pathway[J]. Genes & development,1995,9(9): 1033 – 1045.

[82]SONG C, KOKONTIS J M, HIIPAKKA R A, et al. Ubiquitous receptor:a receptor that modulates gene activation by retinoic acid and thyroid hormone receptors[J]. Proceedings of the National Academy of Sciences of the United States of America,1994,91(23):10809 – 10813.

[83]JANOWSKI B A,WILLY P J,DEVI T R,et al. An oxysterol signalling pathway mediated by the nuclear receptor LXR alpha[J]. Nature,1996,383(6602): 728 – 731.

[84]LEHMANN J M,KLIEWER S A,MOORE L B,et al. Activation of the nuclear

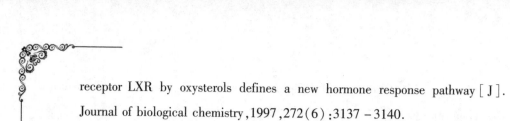

receptor LXR by oxysterols defines a new hormone response pathway [J]. Journal of biological chemistry,1997,272(6):3137 –3140.

[85]ANDERSON S M, RUDOLPH M C, MCMANAMAN J L, et al. Key stages in mammary gland development. Secretory activation in the mammary gland: it's not just about milk protein synthesis! [J]. Breast cancer research, 2007, 9 (1):204.

[86]RINCON G,ISLAS – TREJO A,CASTILLO A R,et al. Polymorphisms in genes in the SREBP1 signalling pathway and SCD are associated with milk fatty acid composition in Holstein cattle[J]. Journal of dairy research, 2012, 79 (1): 66 – 75.

[87]PETERSON D G,MATITASHVILI E A,BAUMAN D E. The inhibitory effect of trans – 10,cis – 12 CLA on lipid synthesis in bovine mammary epithelial cells involves reduced proteolytic activation of the transcription factor SREBP – 1 [J]. Journal of nutrition,2004,134(10):2523 –2527.

[88]BARBER M C,VALLANCE A J,KENNEDY H T,et al. Induction of transcripts derived from promoter Ⅲ of the acetyl – CoA carboxylase – alpha gene in mammary gland is associated with recruitment of SREBP – 1 to a region of the proximal promoter defined by a DNase I hypersensitive site [J]. The biochemical journal,2003,375(2):489 –501.

[89]RUDOLPH M C,MCMANAMAN J L,PHANG T,et al. Metabolic regulation in the lactating mammary gland: a lipid synthesizing machine[J]. Physiological genomics,2007,28(3):323 –336.

[90]FARKE C,MEYER H H D,BRUCKMAIER R M,et al. Differential expression of ABC transporters and their regulatory genes during lactation and dry period in bovine mammary tissue [J]. Journal of dairy research, 2008, 75 (4): 406 –414.

[91]MCFADDEN J W,CORL B A. Activation of liver X receptor(LXR)enhances de novo fatty acid synthesis in bovine mammary epithelial cells[J]. Journal of dairy science,2010,93(10):4651 –4658.

[92]BERNARD L, LEROUX C, CHILLIARD Y. Expression and nutritional

regulation of lipogenic genes in the ruminant lactating mammary gland[J].
Bioactive components of milk,2008,606:67 – 108.

[93]QIN X M,XIE X F,FAN Y B,et al. Peroxisome proliferator – activated
receptor – delta induces insulin – induced gene – 1 and suppresses hepatic
lipogenesis in obese diabetic mice[J]. Hepatology,2008,48(2):432 – 441.

[94]KAST – WOELBERN H R,DANA S L,CESARIO R M,et al. Rosiglitazone
induction of Insig – 1 in white adipose tissue reveals a novel interplay of
peroxisome proliferator – activated receptor gamma and sterol regulatory
element – binding protein in the regulation of adipogenesis [J]. Journal of
biological chemistry,2004,279(23):23908 – 23915.

[95]JUMP D B. Fatty acid regulation of gene transcription[J]. Critical reviews in
clinical laboratory sciences,2004,41(1):41 – 78.

[96]BAUMAN D E,PERFIELD J W,HARVATINE K J,et al. Regulation of fat
synthesis by conjugated linoleic acid:lactation and the ruminant model[J].
Journal of nutrition,2008,138(2):403 – 409.

[97]SAEBO A,SAEBO P C,GRIINARI J M,et al. Effect of abomasal infusions of
geometric isomers of 10,12 conjugated linoleic acid on milk fat synthesis in
dairy cows[J]. Lipids,2005,40(8):823 – 832.

[98]PERFIELD J W,LOCK A L,GRIINARI J M,et al. Trans – 9,cis – 11
conjugated linoleic acid reduces milk fat synthesis in lactating dairy cows[J].
Journal of dairy science,2007,90(5):2211 – 2218.

[99]HARVATINE K J,BOISCLAIR Y R,BAUMAN D E. Recent advances in the
regulation of milk fat synthesis[J]. Animal,2009,3(1):40 – 54.

[100]DRACKLEY J K,KLUSMEYER T H,TRUSK A M,et al. Infusion of long –
chain fatty acids varying in saturation and chain length into the abomasum of
lactating dairy cows[J]. Journal of dairy science,1992,75(6):1517 – 1526.

[101]BREMMER D R,RUPPERT L D,CLARK J H,et al. Effects of chain length
and unsaturation of fatty acid mixtures infused into the abomasum of lactating
dairy cows[J]. Journal of dairy science,1998,81(1):176 – 188.

[102]LACOUNT D W,DRACKLEY J K,LAESCH S O,et al. Secretion of oleic acid

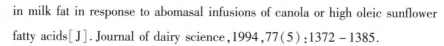

in milk fat in response to abomasal infusions of canola or high oleic sunflower fatty acids[J]. Journal of dairy science,1994,77(5):1372 – 1385.

[103]GAYNOR P J, ERDMAN R A, TETER B B, et al. Milk fat yield and composition during abomasal infusion of cis or trans octadecenoates in Holstein cows[J]. Journal of dairy science,1994,77(1):157 – 165.

[104]JAYAN G C,HERBEIN J H. "Healthier" dairy fat using trans – vaccenic acid [J]. Nutrition & food science,2000,30(6):304 – 309.

[105]PETERSON D G,MATITASHVILI E A,BAUMAN D E. The inhibitory effect of trans – 10, cis – 12 CLA on lipid synthesis in bovine mammary epithelial cells involves reduced proteolytic activation of the transcription factor SREBP – 1[J]. Journal of nutrition,2004,134(10):2523 – 2527.

[106]HANSEN H O, KNUDSEN J. Effect of exogenous long – chain fatty acids on individual fatty acid synthesis by dispersed ruminant mammary gland cells [J]. Journal of dairy science,1987,70(7):1350 – 1354.

[107]WRIGHT T C,CANT J P,MCBRIDE B W. Inhibition of fatty acid synthesis in bovine mammary homogenate by palmitic acid is not a detergent effect[J]. Journal of dairy science,2002,85(3):642 – 647.

[108]HANSEN H O, GRUNNET I, KNUDSEN J. Triacylglycerol synthesis in goat mammary gland. Factors influencing the esterification of fatty acids synthesized de novo[J]. The biochemical journal,1984,220(2):521 – 527.

[109]YONEZAWA T,YONEKURA S,SANOSAKA M,et al. Octanoate stimulates cytosolic triacylglycerol accumulation and CD36 mRNA expression but inhibits acetyl coenzyme A carboxylase activity in primary cultured bovine mammary epithelial cells[J]. Journal of dairy research,2004,71(4):398 – 404.

[110]胡菡,王加启,李发弟,等.游离亚麻酸对奶牛乳腺上皮细胞脂肪酸代谢相关基因 mRNA 转录的影响[J].动物营养学报,2010,22(5):1342 – 1349.

[111]王红芳.外源反 – 10,顺 – 12 共轭亚油酸对牛乳腺上皮细胞脂肪合成的影响及其分子机理[D].泰安:山东农业大学,2011.

[112]常磊.共轭亚油酸对母鼠乳脂合成及相关基因表达的影响[D].郑州:河南农业大学,2010.

[113]IP M M,MASSO－WELCH P A,SHOEMAKER S F,et al. Conjugated linoleic acid inhibits proliferation and induces apoptosis of normal rat mammary epithelial cells in primary culture[J]. Experimental cell research,1999,250 (1):22－34.

[114]MCARTHUR M J,ATSHAVES B P,FROLOV A,et al. Cellular uptake and intracellular trafficking of long chain fatty acids[J]. Journal of lipid research, 1999,40(8):1371－1383.

[115]MASHEK D G,COLEMAN R A. Cellular fatty acid uptake:the contribution of metabolism[J]. Current opinion in lipidology,2006,17(3):274－278.

[116]NTAMBI J M,MIYAZAKI M. Recent insights into stearoyl－CoA desaturase－1[J]. Current opinion in lipidology,2003,14(3):255－261.

[117]ESPENSHADE P J,HUGHES A L. Regulation of sterol synthesis in eukaryotes [J]. Annual review of genetics,2007,41:401－427.

[118]LIN J D,HANDSCHIN C,SPIEGELMAN B M. Metabolic control through the PGC－1 family of transcription coactivators[J]. Cell metabolism,2005,1(6): 361－370.

[119]GEORGIADI A,KERSTEN S. Mechanisms of gene regulation by fatty acids [J]. Advances in nutrition,2012,3(2):127－134.

[120]VINOLO M A R,RODRIGUES H G,NACHBAR R T,et al. Regulation of inflammation by short chain fatty acids [J]. Nutrients, 2011, 3 (10): 858－876.

[121]BLOTTIERE H M,BUECHER B,GALMICHE J P,et al. Molecular analysis of the effect of short－chain fatty acids on intestinal cell proliferation [J]. Proceedings of the nutrition society,2003,62(1):101－106.

[122]MINEO H,HASHIZUME Y,HANAKI Y,et al. Chemical specificity of short－chain fatty acids in stimulating insulin and glucagon secretion in sheep[J]. American journal of physiology,1994,267(2):234－241.

[123]PURDIE N G,TROUT D R,POPPI D P,et al. Milk synthetic response of the bovine mammary gland to an increase in the local concentration of amino acids and acetate[J]. Journal of dairy science,2008,91(1):218－228.

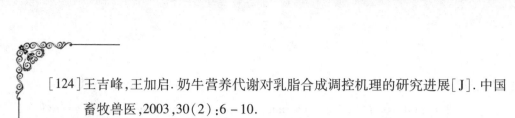

［124］王吉峰,王加启.奶牛营养代谢对乳脂合成调控机理的研究进展［J］.中国畜牧兽医,2003,30(2):6－10.

［125］孙满吉,卢德勋,王丽芳,等.阴外动脉灌注乙酸钠对奶山羊乳腺营养物质摄取和利用的影响［J］.动物营养学报,2009,21(6):865－871.

［126］MAXIN G,GLASSER F,HURTAUD C,et al. Combined effects of trans－10,cis－12 conjugated linoleic acid,propionate,and acetate on milk fat yield and composition in dairy cows［J］. Journal of dairy science,2011,94(4):2051－2059.

［127］白鸽,许远靖,王冲,等.乙酸和β－羟丁酸对体外培养牛肝细胞脂代谢部分关键酶表达的影响［J］.中国兽医学报,2012,32(1):67－72,88.

［128］齐利枝,闫素梅,生冉,等.乙酸对奶牛乳腺上皮细胞活力及 CD36 和 FABP3 基因表达的影响［J］.饲料工业,2013,34(11):49－52.

［129］齐利枝,生冉,闫素梅,等.乙酸浓度对奶牛乳腺上皮细胞甘油三酯含量及瘦素和过氧化物酶增殖物激活受体 γ 基因表达量的影响［J］.动物营养学报,2013,25(7):1519－1525.

［130］孙超,刘春伟.脂肪酸对小鼠前体脂肪细胞增殖分化及 OLR1 基因转录表达的作用［J］.西北农林科技大学学报:自然科学版,2009,37(3):1－6.

［131］BROWN A J,GOLDSWORTHY S M,BARNES A A,et al. The Orphan G protein－coupled receptors GPR41 and GPR43 are activated by propionate and other short chain carboxylic acids［J］. Journal of biological chemistry,2003,278(13):11312－11319.

［132］AHMED K, TUNARU S, OFFERMANNS S. GPR109A, GPR109B and GPR81, a family of hydroxy－carboxylic acid receptors［J］. Trends in pharmacological sciences,2009,30(11):557－562.

［133］KONDO T, KISHI M, FUSHIMI T, et al. Acetic acid upregulates the expression of genes for fatty acid oxidation enzymes in liver to suppress body fat accumulation［J］. Journal of agricultural and food chemistry,2009,57(13):5982－5986.

［134］TAGGART A K P,KERO J,GAN X D,et al. (D)－beta－Hydroxybutyrate inhibits adipocyte lipolysis via the nicotinic acid receptor PUMA－G［J］.

Journal of biological chemistry,2005,280(29):26649 – 26652.

[135]PELLETIER A, CODERRE L. Ketone bodies alter dinitrophenol – induced glucose uptake through AMPK inhibition and oxidative stress generation in adult cardiomyocytes[J]. American journal of physiology, endocrinology and metabolism,2007,292(5):1325 – 1332.

[136]HOSSEINI A, BEHRENDT C, REGENHARD P, et al. Differential effects of propionate or β – hydroxybutyrate on genes related to energy balance and insulin sensitivity in bovine white adipose tissue explants from a subcutaneous and a visceral depot[J]. Journal of animal physiology and animal nutrition, 2012,96(4):570 – 580.

[137]METZ S H, LOPES – CARDOZO M, VAN DEN BERGH S G. Inhibition of lipolysis in bovine adipose tissue by butyrate and beta – hydroxybutyrate[J]. FEBS letters,1974,47(1):19 – 22.

[138]孔庆洋,林叶,李庆章.乙酸钠和丁酸钠对奶牛乳腺脂肪酸合成相关基因的影响[J].中国乳品工业,2012,40(3):15 – 17.

[139]齐利枝,闫素梅,生冉,等.奶牛乳腺中乳成分前体物对乳成分合成影响的研究进展[J].动物营养学报,2011,23(12):2077 – 2083.

[140]王强.奶山羊阴外动脉内乳成分前体物理想平衡模式的研究[D].呼和浩特:内蒙古农业大学,2010.

[141]PAN Z X, WANG J W, TANG H, et al. Effects of palmitic acid on lipid metabolism homeostasis and apoptosis in goose primary hepatocytes [J]. Molecular and cellular biochemistry,2011,350(1 – 2):39 – 46.

[142]YUAN Q H,ZHAO S D,WANG F W,et al. Palmitic acid increases apoptosis of neural stem cells via activating c – Jun N – terminal kinase[J]. Stem cell research,2013,10(2):257 – 266.

[143]陈馥,郭梅,陈永松,等.棕榈酸诱导3T3 – L1脂肪细胞肥大模型的建立[J].汕头大学医学院学报,2012,25(1):21 – 23.

[144]YONEZAWA T, SANOSAKA M, HAGA S, et al. Regulation of uncoupling protein 2 expression by long – chain fatty acids and hormones in bovine mammary epithelial cells [J]. Biochemical and biophysical research

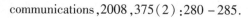

communications,2008,375(2):280-285.

[145]KADEGOWDA A K G, BIONAZ M, PIPEROVA L S, et al. Peroxisome proliferator - activated receptor - gamma activation and long - chain fatty acids alter lipogenic gene networks in bovine mammary epithelial cells to various extents[J]. Journal of dairy science,2009,92(9):4276-4289.

[146]崔瑞莲.十八碳脂肪酸对泌乳奶牛乳腺上皮细胞甘油三酯合成的影响及机理研究[D].北京:中国农业科学院,2012.

[147]PEGORIER J P,LE MAY C,GIRARD J. Control of gene expression by fatty acids[J]. Journal of nutrition,2004,134(9):2444-2449.

[148]LEHRKE M,LAZAR M A. The many faces of PPARgamma[J]. Cell,2005, 123(6):993-999.

[149]LEE G, ELWOOD F, MCNALLY J, et al. T0070907, a selective ligand for peroxisome proliferator - activated receptor γ, functions as an antagonist of biochemical and cellular activities[J]. Journal of biological chemistry,2002, 277(22):19649-19657.

[150]ZOU R,XU G,LIU X C,et al. PPARgamma agonists inhibit TGF - beta - PKA signaling in glomerulosclerosis[J]. Acta pharmacologica sinica,2010,31(1): 43-50.

[151]BENSINGER S J,TONTONOZ P. Integration of metabolism and inflammation by lipid - activated nuclear receptors [J]. Nature, 2008, 454 (7203): 470-477.

[152]DESVERGNE B, MICHALIK L, WAHLI W. Transcriptional regulation of metabolism[J]. Physiological reviews,2006,86(2):465-514.

[153]张志岐,束刚,方心灵,等.G 蛋白偶联受体介导游离脂肪酸的信号通路及生理功能[J].中国生物化学与分子生物学报,2009,25(9):789-795.

[154]YONEZAWA T, HAGA S, KOBAYASHI Y, et al. Short - chain fatty acid signaling pathways in bovine mammary epithelial cells [J]. Regulatory peptides,2009,153(1-3):30-36.

[155]ALEX S, LANGE K, AMOLO T, et al. Short - chain fatty acids stimulate angiopoietin - like 4 synthesis in human colon adenocarcinoma cells by

activating peroxisome proliferator – activated receptor gamma[J]. Molecular and cellular biology,2013,33(7):1303 – 1316.

[156]LEHRKE M,LAZAR M A. The many faces of PPARgamma[J]. Cell,2005, 123(6):993 – 999.

[157]TONTONOZ P,SPIEGELMAN B M. Fat and beyond:the diverse biology of PPARgamma[J]. Annual review of biochemistry,2008,77(1):289 – 312.

[158]陆黎敏. MAPK1 和 eEF1B 对奶牛乳腺上皮细胞泌乳调控作用及机理研究 [D]. 哈尔滨:东北农业大学,2013.

[159]BERGER J,MOLLER D E. The mechanisms of action of PPARs[J]. Annual review of medicine,2002,53(1):409 – 435.

[160]MANI O,SORENSEN M T,SEJRSEN K,et al. Differential expression and localization of lipid transporters in the bovine mammary gland during the pregnancy – lactation cycle[J]. Journal of dairy science,2009,92(8):3744 – 3756.

[161]MA L,CORL B A. Transcriptional regulation of lipid synthesis in bovine mammary epithelial cells by sterol regulatory element binding protein – 1[J]. Journal of dairy science,2012,95(7):3743 – 3755.

[162]LOWELL B B. PPARgamma:an essential regulator of adipogenesis and modulator of fat cell function[J]. Cell,1999,99(3):239 – 242.

[163]SHI H B,LUO J,ZHU J J,et al. PPARγ regulates genes involved in triacylglycerol synthesis and secretion in mammary gland epithelial cells of dairy goats[J]. PPAR research,2013(6):310948.

[164]WAY J M,HARRINGTON W W,BROWN K K,et al. Comprehensive messenger ribonucleic acid profiling reveals that peroxisome proliferator – activated receptor gamma activation has coordinate effects on gene expression in multiple insulin – sensitive tissues [J]. Endocrinology,2001,142(3): 1269 – 1277.

[165]KOLAK M,YKI – JARVINEN H,KANNISTO K,et al. Effects of chronic rosiglitazone therapy on gene expression in human adipose tissue in vivo in patients with type 2 diabetes [J]. Journal of clinical endocrinology and

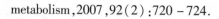

metabolism,2007,92(2):720-724.

[166]滑留帅.牛 SHH 基因通过 PPARg 通路调控脂肪生成[D].杨凌:西北农林科技大学,2012.

[167]何余涌,刘波.基因营养学与营养基因组学研究在动物营养学研究中的应用[J].江西畜牧兽医杂志,2011,2:1-3.

[168]COVINGTON D K,BRISCOE C A,BROWN A J,et al. The G-protein-coupled receptor 40 family(GPR40-GPR43)and its role in nutrient sensing[J]. Biochemical society transactions,2006,34(5):770-773.

[169]NILSSON N E,KOTARSKY K,OWMAN C,et al. Identification of a free fatty acid receptor,FFA2R,expressed on leukocytes and activated by short-chain fatty acids[J]. Biochemical and biophysical research communications,2003,303(4):1047-1052.

[170]HONG Y H,NISHIMURA Y,HISHIKAWA D,et al. Acetate and propionate short chain fatty acids stimulate adipogenesis via GPCR43[J]. Endocrinology,2005,146(12):5092-5099.

[171]侯增淼.猪 GPR43 基因 cDNA 克隆、组织表达及脂肪酸对小鼠该基因表达的作用研究[D].杨凌:西北农林科技大学,2008.

[172]BOFFA L C,VIDALI G,MANN R S,et al. Suppression of histone deacetylation in vivo and in vitro by sodium butyrate[J]. Journal of biological chemistry,1978,253(10):3364-3366.

[173]WALDECKER M,KAUTENBURGER T,DAUMANN H,et al. Inhibition of histone-deacetylase activity by short-chain fatty acids and some polyphenol metabolites formed in the colon[J]. Journal of nutritional biochemistry,2008,19(9):587-593.

[174]WACHTERSHAUSER A,LOITSCH S M,STEIN J. PPAR-gamma is selectively upregulated in Caco-2 cells by butyrate[J]. Biochemical and biophysical research communications,2000,272(2):380-385.

[175]孙雨婷.奶山羊短链脂肪酸受体 GPR41 基因的克隆分析与腺病毒 RNA 干扰载体构建[D].杨凌:西北农林科技大学,2011.

[176]KIM H E,BAE E,JEONG D Y,et al. Lipin1 regulates PPARγ transcriptional

activity[J]. The biochemical journal,2013,453(1):49-60.

[177]REUE K,ZHANG P. The lipin protein family:dual roles in lipid biosynthesis and gene expression[J]. FEBS letters,2008,582(1):90-96.

[178]KLIEWER S A, SUNDSETH S S, JONES S A, et al. Fatty acids and eicosanoids regulate gene expression through direct interactions with peroxisome proliferator - activated receptors alpha and gamma [J]. Proceedings of the National Academy of Sciences of the United States of America,1997,94(9):4318-4323.

[179]THOENNES S R,TATE P L,PRICE T M, et al. Differential transcriptional activation of peroxisome proliferator - activated receptor gamma by omega - 3 and omega - 6 fatty acids in MCF - 7 cells [J]. Molecular and cellular endocrinology,2000,160(1-2):67-73.

[180]BENSON J A,REYNOLDS C K,HUMPHRIES D J,et al. Effects of abomasal infusion of long - chain fatty acids on intake, feeding behavior and milk production in dairy cows [J]. Journal of dairy science, 2001, 84 (5): 1182-1191.

[181]ENJALBERT F, NICOT M C, BAYOURTHE C, et al. Effects of duodenal infusions of palmitic, stearic, or oleic acids on milk composition and physical properties of butter[J]. Journal of dairy science,2000,83(7):1428-1433.

[182]CHENG J, ZHANG Y F, GE Y S, et al. Sodium butyrate promotes milk fat synthesis in bovine mammary epithelial cells via GPR41 and its downstream signalling pathways[J]. Life sciences,2020,259:118375.

[183]SANDRI E C,LEVESQUE J,MARCO A,et al. Transient reductions in milk fat synthesis and their association with the ruminal and metabolic profile in dairy cows fed high - starch,low - fat diets[J]. Animal,2020,14(12):1-12.

[184]YAN Q X, TANG S X, ZHOU C S, et al. Effects of free fatty acids with different chain lengths and degrees of saturability on the milk fat synthesis in primary cultured bovine mammary epithelial cells[J]. Journal of agricultural and food chemistry,2019,67(31):8485-8492.

[185]SONG S Y,JIANG M H,ZHOU J Y,et al. Nutrigenomic role of acetate and

β – hydroxybutyrate in bovine mammary epithelial cells [J]. DNA and cell biology,2020,39(3):389 – 397.

[186]URRUTIA N, BOMBERGER R, MATAMOROS C, et al. Effect of dietary supplementation of sodium acetate and calcium butyrate on milk fat synthesis in lactating dairy cows [J]. Journal of dairy science, 2019, 102 (6): 5172 –5181.

[187]LI D B,XING Y Y,LI H L,et al. Effect of linoleic acid supplementation on triglyceride content and gene expression in milk fat synthesis in two – and three – dimensional cultured bovine mammary epithelial cells [J]. Italian journal of animal science,2018,17(3):714 –722.

[188]URRUTIA N,HARVATINE K J. Acetate dose – dependently stimulates milk fat synthesis in lactating dairy cows[J]. Journal of nutrition,2017,147(5): 763 –769.

[189]DINESH B,RAHIM D,TESFAY W,et al. The functions and mechanisms of sequence differences of DGAT1 gene on milk fat synthesis between dairy cow and buffalo[J]. Journal of dairy research,2020,87(2):170 –174.

[190]XU W W,CHEN Q M,JIA Y H,et al. Isolation,characterization,and SREBP1 functional analysis of mammary epithelial cell in buffalo[J]. Journal of food biochemistry,2019,43(11):e12997.

[191]DEWANCKELE L,TORAL P G,VLAEMINCK B,et al. Invited review:role of rumen biohydrogenation intermediates and rumen microbes in diet – induced milk fat depression:an update[J]. Journal of dairy science,2020,103(9): 7655 –7681.

[192]ZHOU F T,TENG X H,WANG P,et al. Isolation,identification,expression and subcellular localization of PPARG gene in buffalo mammary gland[J]. Gene,2020,759:144981.

[193]黄国欣,张养东,郑楠,等. 奶牛乳脂形成的调控措施及其机理[J]. 饲料工业,2019,40,(11):49 –53.

[194]CARRARO P C, DA SILVA E D, OLIVEIRA D E, et al. Palmitic acid increases the abundance of mRNA of genes involved in de novo synthesis of fat

in mammary explants from lactating ewes[J]. Small ruminant research,2019, 174:99 – 102.

[195]吕小青,杨宇泽,刘林,等.与奶牛乳脂及乳蛋白合成有关的候选基因研究进展[J].中国奶牛,2020,(12):22 – 25.

[196]陈凤香,袁超,包杰.牛乳脂的组成及结构研究进展[J].粮食与油脂, 2018,31(7):9 – 12.

[197]吕贺,段晓宇,周金玉,等.奶牛乳脂合成及其影响因素[J].中国畜牧兽医,2018,45(1):93 – 99.

[198]张花,李大彪,邢媛媛,等.脂肪酸对奶牛乳腺上皮细胞乳蛋白和乳脂合成相关基因表达量的影响[J].动物营养学报,2017,29(11):4143 – 4150.

[199]SHI H B, ZHAO W S, ZHANG C H, et al. Transcriptome – wide analysis reveals the role of PPARγ controlling the lipid metabolism in goat mammary epithelial cells[J]. PPAR research,2016(9):1 – 11.

[200]LEE J N,WANG Y,XU Y O,et al. Characterisation of gene expression related to milk fat synthesis in the mammary tissue of lactating yaks[J]. Journal of dairy research,2017,84(3):283 – 288.

[201]李大彪,李红磊,邢媛媛,等.亚油酸对奶牛乳腺上皮细胞乳脂肪和乳蛋白合成相关基因表达的影响[J].中国细胞生物学学报,2016,38(3): 257 – 264.

[202]王建发,沈冰蕾,武瑞,等.奶牛乳腺乳脂肪形成相关基因的遗传多态性[J].中国兽医学报,2015,35(11):1868 – 1874.

[203]姜雪元.高精料饲喂对泌乳山羊乳脂肪合成和其前体物代谢的影响及分子机理[D].南京:南京农业大学,2015.

[204]HU X Y,ZHANG N S,FU Y H. Role of liver X receptor in mastitis therapy and regulation of milk fat synthesis[J]. Journal of mammary gland biology and neoplasia,2019,24(1):73 – 83.

[205]LIU L L, LIN Y, LIU L X, et al. Regulation of peroxisome proliferator – activated receptor gamma on milk fat synthesis in dairy cow mammary epithelial cells[J]. Vitro cellular & developmental biology animal,2016,52 (10):1044 – 1059.

[206] ZHANG T Y, MA Y, WANG H, et al. Trans10, cis12 conjugated linoleic acid increases triacylglycerol accumulation in goat mammary epithelial cells in vitro [J]. Animal science journal, 2018, 89(2): 432 - 440.

[207] LI N, ZHAO F, WEI C J, et al. Function of SREBP1 in the milk fat synthesis of dairy cow mammary epithelial cells [J]. International journal of molecular sciences, 2014, 15(9): 16998 - 17013.

[208] HARVATINE K J, URRUTIA N. Effect of conjugated linoleic acid and acetate on milk fat synthesis and adipose lipogenesis in lactating dairy cows [J]. Journal of dairy science, 2017, 100(7): 5792 - 5804.

[209] FAN Y L, HAN Z Y, LU X B, et al. Identification of milk fat metabolism - related pathways of the bovine mammary gland during mid and late lactation and functional verification of the ACSL4 gene [J]. Genes, 2020, 11(11): 1357.

[210] 辛慧杰, 刘建新, 石恒波. 关键转录因子调控反刍动物乳腺脂肪酸代谢的研究进展 [J]. 农业生物技术学报, 2020, 28(5): 918 - 924.

[211] 张天颖. 反 10、顺 12 共轭亚油酸 (Trans10, Cis12 - CLA) 对奶山羊乳腺上皮细胞脂代谢的调控作用研究 [D]. 杨凌: 西北农林科技大学, 2018.

[212] DOHME F, MACHMÜLLER A, SUTTER F, et al. Digestive and metabolic utilization of lauric, myristic and stearic acid in cows, and associated effects on milk fat quality [J]. Archives of animal nutrition, 2004, 58(2): 99 - 116.

[213] RICO J E, ALLEN M S, LOCK A L. Compared with stearic acid, palmitic acid increased the yield of milk fat and improved feed efficiency across production level of cows [J]. Journal of dairy science, 2014, 97(2): 1057 - 1066.

[214] DALLAIRE M P, TAGA H, MA L, et al. Effects of abomasal infusion of conjugated linoleic acids, Sterculia foetida oil, and fish oil on production performance and the extent of fatty acid Δ9 - desaturation in dairy cows [J]. Journal of dairy science, 2014, 97(10): 6411 - 6425.

[215] 李君, 杨文卓, 候霞飞, 等. 油酸和亚油酸对山羊乳腺细胞甘油三酯含量及乳脂合成相关基因表达的影响 [J]. 中国畜牧兽医, 2019, 46(2): 380 - 386.

[216]韩慧娜,闫素梅,齐利枝,等.乙酸对奶牛乳腺上皮细胞乳脂肪酸从头合成相关基因表达量的影响[J].动物营养学报,2015,27(3):926-931.

[217]常晨城,齐利枝,闫素梅,等.β-羟丁酸对奶牛乳腺上皮细胞内乳脂肪合成及其相关基因相对表达量的影响[J].动物营养学报,2015,27(1):196-203.

[218]李楠,关力,杨晶.硬脂酸及血清对奶牛乳腺上皮细胞乳脂合成关键酶的影响[J].生物技术世界,2015(3):39.

[219]ZHANG T Y,MA Y,WANG H,et al. Trans10,cis 12 conjugated linoleic acid increases triacylglycerol accumulation in goat mammary epithelial cells in vitro [J]. Animal science journal,2018,89(2):432-440.

[220]MA L,LENGI A J,MCGILLIARD M L,et al. Short communication:effects of trans-10,cis-12 conjugated linoleic acid on activation of lipogenic transcription factors in bovine mammary epithelial cells[J]. Journal of dairy science,2014,97(8):5001-5006.

[221]WANG H F,LIU H Y,LIU J X,et al. High-level exogenous trans10,cis12 conjugated linoleic acid plays an anti-lipogenesis role in bovine mammary epithelial cells[J]. Animal science journal,2014,85(7):744-750.

[222]JACOBS A A A,DIJKSTRA J,LIESMAN J S,et al. Effects of short-and long-chain fatty acids on the expression of stearoyl-CoA desaturase and other lipogenic genes in bovine mammary epithelial cells[J]. Animal,2013,7(9):1508-1516.

[223]CUI Y J,LIU Z Y,SUN X,et al. Thyroid hormone responsive protein spot 14 enhances lipogenesis in bovine mammary epithelial cells[J]. Vitro cellular & developmental biology animal,2015,51(6):586-594.

[224]ZHU J J,SUN Y T,LUO J,et al. Specificity protein 1 regulates gene expression related to fatty acid metabolism in goat mammary epithelial cells [J]. International journal of molecular sciences,2015,16(1):1806-1820.

[225]ZHU J J,LUO J,XU H F,et al. Short communication:altered expression of specificity protein 1 impairs milk fat synthesis in goat mammary epithelial cells [J]. Journal of dairy science,2016,99(6):4893-4898.

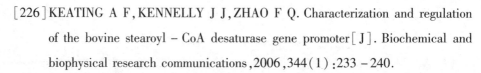

[226]KEATING A F, KENNELLY J J, ZHAO F Q. Characterization and regulation of the bovine stearoyl – CoA desaturase gene promoter[J]. Biochemical and biophysical research communications, 2006, 344(1):233 – 240.

[227]王皓宇,秦彤,郝海生,等. 胰岛素对体外培养奶牛乳腺上皮细胞乳蛋白、乳脂肪合成相关基因 mRNA 表达的影响[J]. 畜牧兽医学报, 2013, 44(5):710 – 718.

[228]WINKELMAN L A, OVERTON T R. Long – acting insulins alter milk composition and metabolism of lactating dairy cows[J]. Journal of dairy science, 2013, 96(12):7565 – 7577.

[229]CORL B A, BUTLER S T, BUTLER W R, et al. Short communication: regulation of milk fat yield and fatty acid composition by insulin[J]. Journal of dairy science, 2006, 89(11):4172 – 4175.

[230]BURGOS S A, DAI M, CANT J. Nutrient availability and lactogenic hormones regulate mammary protein synthesis through the mammalian target of rapamycin signaling pathway[J]. Journal of dairy science, 2010, 93(1):153 – 161.

[231]BNNNET M, DELAVAUD C, LAUD K, et al. Mammary leptin synthesis, milk leptin and their putative physiological roles[J]. Reproduction, nutrition, development, 2002, 42(5):399 – 413.

[232]牛淑玲. 围产期奶牛干物质摄入减少及脂肪动员的神经内分泌调控机理[D]. 长春:吉林大学, 2005.

[233]杨建英,张勇法,王艳玲,等. 大豆黄酮对奶牛产奶量和乳中常规成分的影响[J]. 饲料研究, 2005(6):30 – 31.

[234]OLIVER C H, WATSON C J. Making milk: a new link between STAT5 and Akt1[J]. JAK – STAT, 2013, 2(2):2154 – 2168.

[235]宋淑珍,吴建平,高良霜,等. 过氧化物酶体增殖物激活受体 γ 信号通路调控脂质代谢的研究进展[J]. 动物营养学报, 2020, 32(4):1473 – 1483.

[236]ZHOU J, FEBBRAIO M, WADA T, et al. Hepatic fatty acid transporter CD36 is a common target of LXR, PXR, and PPARgamma in promoting steatosis[J]. Gastroenterology, 2008, 134(2):556 – 567.

[237] 周金星,刘文举,李升和.调控脂肪代谢及脂肪细胞分化的转录因子研究进展[J].卫生研究,2017,46(2):340-344.

[238] YAO D W, LUO J, HE Q Y, et al. Thyroid hormone responsive(THRSP)promotes the synthesis of medium-chain fatty acids in goat mammary epithelial cells[J]. Journal of dairy science,2016,99(4):3124-3133.

[239] XU H F, LUO J, ZHANG X Y, et al. Activation of liver X receptor promotes fatty acid synthesis in goat mammary epithelial cells via modulation of SREBP1 expression[J]. Journal of dairy science, 2019, 102(4): 3544-3555.

[240] XU H F, LUO J, ZHAO W S, et al. Overexpression of SREBP1(sterol regulatory element binding protein 1)promotes de novo fatty acid synthesis and triacylglycerol accumulation in goat mammary epithelial cells[J]. Journal of dairy science,2016,99(1):783-795.

[241] 李楠.SREBP1 在奶牛乳腺上皮细胞乳脂合成中的功能研究[D].哈尔滨:东北农业大学,2014.

[242] GRINMAN D Y, CAREAGA V P, WELLBERG E A, et al. Liver X receptor-α activation enhances cholesterol secretion in lactating mammary epithelium [J]. American journal of physiology-endocrinology and metabolism,2019,316(6):1136-1145.

[243] HARVATINE K J, BOISCLAIR Y R, BAUMAN D E. Liver X receptors stimulate lipogenesis in bovine mammary epithelial cell culture but do not appear to be involved in diet-induced milk fat depression in cows[J]. Physiological reports,2014,2(3):e00266.

[244] TIAN H B, LUO J, SHI H B, et al. Role of peroxisome proliferator-activated receptor-α on the synthesis of monounsaturated fatty acids in goat mammary epithelial cells[J]. Journal of animal science,2020,98(3):1-10.

[245] SHI H B, ZHANG C H, ZHAO W, et al. Peroxisome proliferator-activated receptor delta facilitates lipid secretion and catabolism of fatty acids in dairy goat mammary epithelial cells[J]. Journal of dairy science,2017,100(1):797-806.